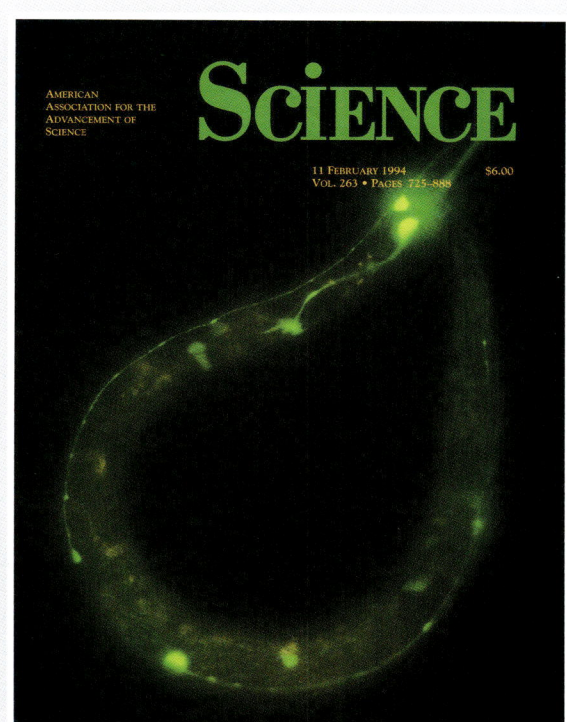

口絵①　エレガンス線虫の機械感覚ニューロンで発現したGFPの蛍光
⇨ 本文 p.91
1994年2月11日号のScience誌の表紙より転載。

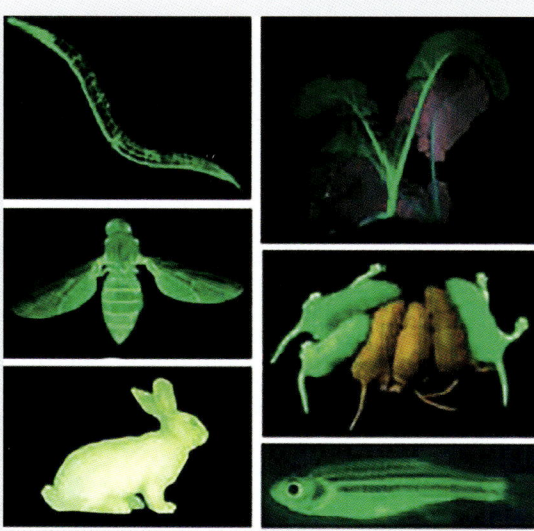

口絵②　GFPを発現させた各種生物
⇨ 本文 p.93
線虫（左上）、ショウジョウバエ（左中）、ウサギ（左下）、ナタネ（右上）、マウス（右中）、およびゼブラフィッシュ（右下）。
チャルフィーのノーベル賞受賞講演の Fig. 10 より転載。
(http://www.nobelprize.org/nobel_prizes/chemistry/laureates/2008/chalfie_lecture.pdf, Copyright ⓒ The Nobel Foundation 2008)

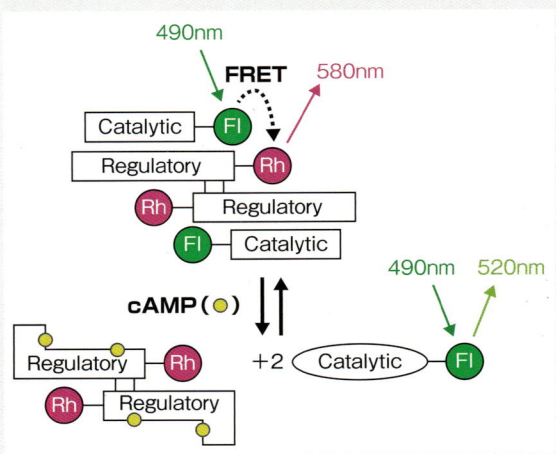

口絵③ FRET（蛍光共鳴エネルギー移動）の例
⇨ 本文 p.97
タンパク質リン酸化酵素（PKA）は触媒サブユニット（Catalytic）と調節サブユニット（Regulatory）2分子ずつからなる四量体の酵素である。
チェンのノーベル賞受賞講演 Fig. 1 を基に作成。
(http://www.nobelprize.org/nobel_prizes/chemistry/laureates/2008/tsien_lecture.pdf, Copyright © The Nobel Foundation 2008)

口絵④ チェンらが開発した多彩な蛍光タンパク質
⇨ 本文 p.100
チェンのノーベル賞受賞講演 Fig. 12 より転載。
(http://www.nobelprize.org/nobel_prizes/chemistry/laureates/2008/tsien_lecture.pdf, Copyright © The Nobel Foundation 2008)

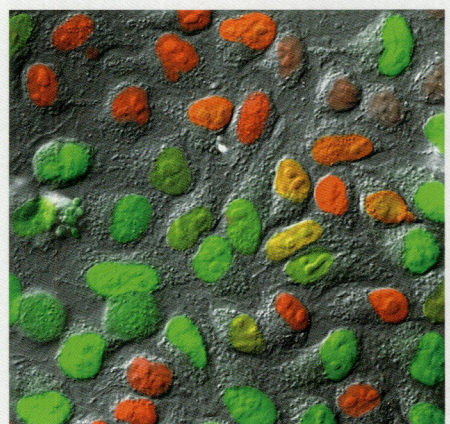

口絵⑤ 多色蛍光観察の例
⇨ 本文 p.101
HeLa 細胞の分裂間期1（G1）が赤色、DNA 合成期（S）-分裂間期2（G2）-分裂期（M）が緑色、G1／S 移行期が黄色で表されている。Fucci (fluorescent, ubiquitination-based cell cycle indicator, Sakaue-Sawano et al.: Cell 2008) を使用した。宮脇敦史博士［理化学研究所 脳科学総合研究センター］のご厚意により掲載。

線虫の研究とノーベル賞への道

－1ミリの虫の研究がなぜ3度ノーベル賞を受賞したか－

大島 靖美／著

裳華房

The Nematode Research to Nobel Prizes

by

Yasumi Ohshima

SHOKABO

TOKYO

はじめに

　2002 年のノーベル生理学・医学賞は、「器官の発生およびプログラム細胞死の遺伝的制御に関する発見」により、ブレナー（イギリス）、ホービッツ（アメリカ）、サルストン（イギリス）の 3 人に与えられた。2006 年のノーベル生理学・医学賞は、「RNA 干渉－2 本鎖 RNA による遺伝子発現の抑制の発見」により、ファイアとメロ（共にアメリカ）の 2 人に与えられた。また、2008 年のノーベル化学賞が、「緑色蛍光タンパク質 GFP の発見と発展」について、下村脩（日本生まれ、主にアメリカで研究）、チャルフィー（アメリカ）、チェン（アメリカ）の 3 人に与えられた。

　これらの研究の中で、02 年と 06 年の研究および 08 年のチャルフィーの研究は、いずれもシーエレガンス（*C. elegans*）と呼ばれる小さな線虫を主な材料として行われたものである。多くの読者にはなじみがないであろうこのような生物についての研究が、最近 3 回もノーベル賞を受賞したことは特別に注目すべきことである。

　しかも、これらの研究は、生物学上画期的なものであり、また生物学の研究を大きく変える革命的な技術を生み出した。さらに、ヒトの体作りにおいても必要な細胞が死ぬ機構が明らかになる、がんを初めとするいろいろな病気の治療法の開発への道が拓ける、などの医学的にも重要な成果をもたらしている。

　本書では、長年線虫の研究を行ってきた筆者が、これらの研究の内容、研究者の実像や成功の秘密、ノーベル賞受賞の鍵、生物学の将来への展望などをやさしく解説する。

　上に述べた受賞者の中で、ブレナーは最初から線虫を研究していたわけで

はなく、実は1960年前後の分子生物学の夜明けの時期に大活躍した分子生物学者であった。分子生物学上最も有名なブレナーの研究はメッセンジャーRNAの発見であり、彼はこの業績によってノーベル賞を受賞する可能性もあった。その後1960年代中頃、ブレナーは、大腸菌などを使う研究によって分子生物学の骨組みはすでにできあがったと考えた。そして、生物学研究の中心が複雑な多細胞生物に移って行くことを予想し、そこで用いるべきすぐれた研究材料を精力的に探した。その結果 彼が選んだ材料がこの本の主題であるエレガンス線虫であった。

　今では、エレガンスは、ショウジョウバエと並んで遺伝学が駆使できる優れたモデル動物として、世界中で使われている。このようなすぐれた研究材料が1人の人間によって導入された例は生物学の歴史上まれであり、その意味でも注目に値する。本書では、これらを背景として、分子生物学がいかに作られたか、重要な発見がいかにしてなされたか、研究とはどのようにするものか、といったことと共に幸運がしばしば決定的な役割を果たしたことなどについても語りたい。研究をめざす若い人たちや研究者に大いに参考になると信じている。

2015年3月

大　島　靖　美

目　次

第 1 章　虫：エレガンス線虫とは？　　　　　　　　　　　1
1・1　線虫とは　　　　　　　　　　　　　　　　　　　　　1
1・2　エレガンス線虫　　　　　　　　　　　　　　　　　　4

第 2 章　分子生物学の始まりと線虫の登場　　　　　　　7
2・1　ブレナーの生い立ち　　　　　　　　　　　　　　　　7
2・2　分子生物学の夜明け　　　　　　　　　　　　　　　　9
2・3　メッセンジャー RNA の発見と遺伝暗号の研究　　　14
2・4　線虫の登場　　　　　　　　　　　　　　　　　　　23

第 3 章　細胞や器官はどのようにしてできるか？
　　　　　　　2002 年ノーベル生理学・医学賞受賞　　　25
3・1　ブレナーの研究：遺伝学の樹立と神経細胞ネットワークの解明　25
　3・1・1　エレガンス線虫の遺伝学の樹立　　　　　　　25
　3・1・2　エレガンス線虫の神経回路の解明　　　　　　31
3・2　サルストンの研究：細胞系譜の解明　　　　　　　　38
3・3　ホービッツの研究：プログラム細胞死の遺伝子と機構　46

第4章　遺伝子の働きを抑える新しい方法（RNA 干渉）の発見
2006 年ノーベル生理学・医学賞受賞のファイアとメロの研究　53
- 4・1　ファイアとメロの生い立ち　53
- 4・2　線虫の形質転換　55
- 4・3　RNA 干渉の発見　57
- 4・4　RNA 干渉の意義と研究の発展　64
- 4・5　線虫の利点と幸運にめぐまれた受賞　68

第5章　生きたまま特定のタンパク質や細胞を見る方法とは？
2008 年ノーベル化学賞受賞のチャルフィーらの GFP の研究　71
- 5・1　下村 脩博士の研究　71
- 5・2　チャルフィーの研究　85
- 5・3　チェンの研究　96

第6章　まとめと展望　103
- 6・1　「モデル生物」はどのように研究に役立つのか？　103
- 6・2　受賞者の人物像、研究スタイル、成功の理由　108
  - 6・2・1　人物像　108
  - 6・2・2　研究スタイル　109
  - 6・2・3　研究のなされた年齢と受賞までの期間　109
  - 6・2・4　成功の理由　110
- 6・3　生物学の将来への展望　111
  - 6・3・1　新種の発見・宇宙生物学　111
  - 6・3・2　生命の起源と生命の合成　114
  - 6・3・3　栄養学　115
  - 6・3・4　新しい技術・方法の開発　116
  - 6・3・5　人間の改良　119
  - 6・3・6　不老長寿？　119

あとがき－筆者の研究の要約－	120
参考文献	123
線虫の研究史	125
索 引	126

(蓮の写真:ピクスタ)

第 1 章

虫：エレガンス線虫とは？

「はじめに」に書いたように、本書のタイトルにある「虫」とは、線虫のある特定の種を意味している。この本の最初に、まず線虫が全体としてどのようなものかを説明しよう。研究に重要な材料の生物分類学上の位置、どのようにして選ばれてきたかなど、いろいろなことを知るのに大切と思われる。

1・1　線虫とは

線虫は、動物の大きなグループの一つで、分類上は、線形動物門というのがその正式な名前である。現在、正式に「種」として認められ、学名がつけられているものでも約 2 万種類ある。この数は、既知の全生物種 150 万余りの 1％ほどである。しかも、線虫には未知、またはよく調べられていないものが多く、実際には 1500 万から 1 億種類が存在すると推定されている。また、全体として個体数は非常に多く、地球上の総重量でも、動物群の中で最大とされている。このように、ある意味で最も繁栄している動物ということもできるし、物質循環でも重要な役割を果たしている。

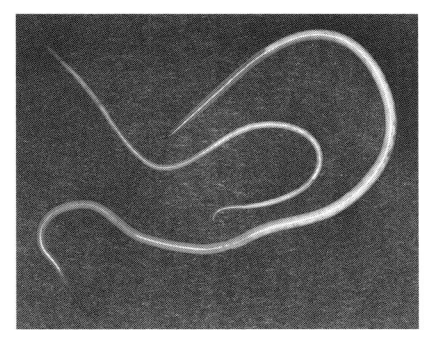

図 1・1　回虫の写真
上村 清他著『寄生虫学テキスト』第 3 版　図譜 118、ix ページ、文光堂、2008 年より改変して掲載。
（写真：木村英作博士［大阪大学微生物病研究所］・角坂照貴博士［愛知医科大学］のご厚意により掲載）

知られている線虫の約75％は**非寄生性（自活性）**であり、約50％が海水中に、約25％が陸上（主に地中）または淡水中に住む。全体の約25％は**寄生性**で、15％が動物に、10％が植物に寄生する。**図1・1**に、現在の日本ではほとんど見られなくなったが、古くから人間に最も多い寄生虫であった、「**回虫**」を示す。多くの寄生性線虫のように、回虫の感染サイクル（**図1・2**）は複雑であり、その機構はまだよくわかっておらず、興味ある研究課題である。

動物に寄生する線虫の多くが宿主に何らかの病気や異常を起こすのと同じように、植物寄生性の線虫はしばしば植物に病気を起こす。そのため、線虫は農業、林業にとって大きな問題であり、植物に病気を起こす寄生性線虫は

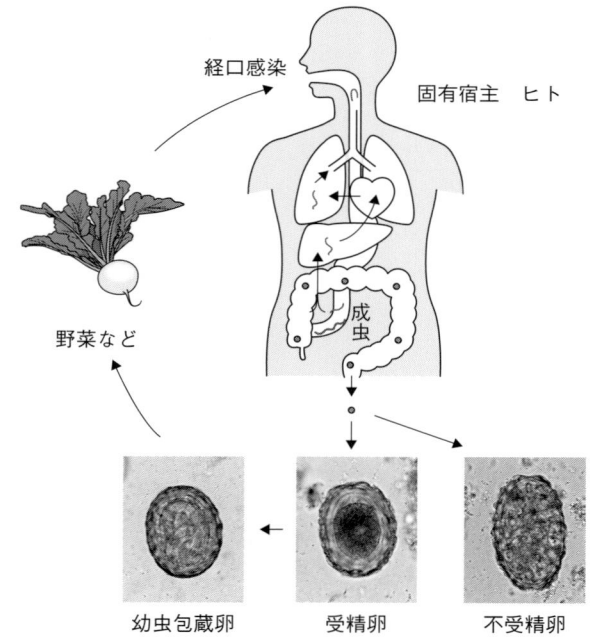

図1・2　回虫の感染と生活史
　上村 清他著『寄生虫学テキスト』第3版　図4-2-1、121ページ、文光堂、2008年より改変して掲載。
　（写真：木村英作博士［前掲］・角坂照貴博士［前掲］のご厚意により掲載）

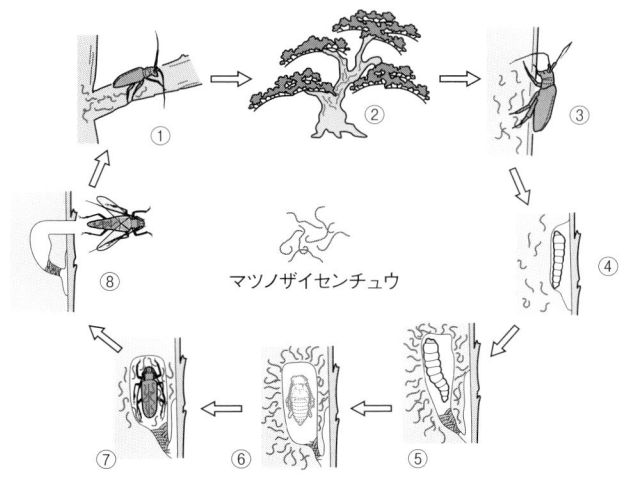

図 1·3　マツノザイセンチュウとマツノマダラカミキリの生活環
①カミキリは健全なマツに飛んでゆき枝を食べる（後食）。このとき線虫はカミキリから離脱してかみ傷からマツ樹体内に侵入する。②線虫の感染によってマツは衰弱・枯死以後、線虫は材の中で増殖をくり返す。③発病木にカミキリが産卵(7〜8月)。④孵化した幼虫は内樹皮、材表面を食べて成長する。⑤成長したカミキリ幼虫は材中へ食いすんで越冬。線虫は2月を過ぎると幼虫周囲の材に集まる。⑥カミキリは蛹になる（5〜6月）。⑦蛹から羽化して成虫になったとき線虫はカミキリの体内に乗り移る。⑧線虫を保持して被害木からカミキリ脱出（6〜7月）。（出雲市産業観光部のホームページ http://www.matsukui-izumo.jp/matsukui/04.html を参考に作図）

重要な研究対象となっている。図 1·3 は、松枯れ病を起こす**マツノザイセンチュウ**という有名な線虫と、その運び屋の昆虫であるマツノマダラカミキリの生活環を示す。この線虫は、松の木の中で活発に増殖してしばしば松を枯らすだけでなく、松の木の中で成虫となったカミキリムシに感染し、それが他の松の木に飛んでいくことによって感染が広がる。つまり、マツノザイセンチュウは、植物と昆虫というまったく異なる二つの宿主をもち、複雑な生活環をもつ（ただし、昆虫は運び屋として利用しているだけで、昆虫の体内で増殖はしない）。

線虫は2綱、5亜綱、19目に分類される。エレガンスは桿線虫目に（桿は棒と同じ意味で、細長い円柱状の形を指す）、回虫は回虫目に、マツノザイセンチュウはヨウ（葉）センチュウ目に属する。先ほど書いたように、既知の線虫の約4分の3は非寄生性、自活性であり、この本の主役であるエレガンスも自活性である。しかし、ほとんどすべての生物について、寄生する線虫がそれぞれ複数いると考えられており、自活性線虫同様に大多数の寄生性線虫はまだ調べられていない。動物に寄生する既知の線虫の宿主の中で、最も多いのは昆虫などの節足動物である。そして、昆虫だけで既知の種は75万以上（既知の全生物の約50％）なので、未知の線虫については動物寄生性のものが最も多い可能性がある。このようなことから、地球上の線虫の種の総数は1500万から1億というような推定がなされることになる。

1・2　エレガンス線虫

「はじめに」に書いたように、この本の主役は、シーエレガンスと呼ばれる線虫の一つの種である。正式な名前（学名）は *Caenorhabditis elegans*、

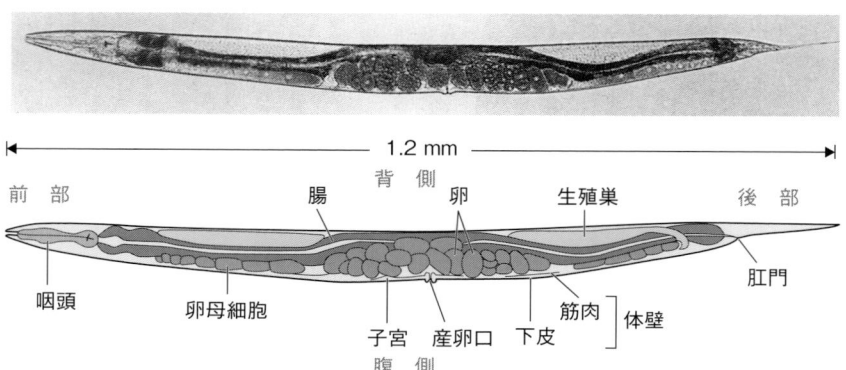

図1・4　エレガンス線虫雌雄同体の写真（上）および体の構造の模式図（下）
　写　真（上）: Reprinted from Developmental Biology, 56, Sulston and Horvitz, Post-embryonic cell lineages of the nematode, Caenorhabditis elegans, 110-156, Copyright (1977) より転載. 模式図（下）:『細胞の分子生物学（第5版）』(Newton Press、2010年) を基に作成.

略称 C. elegans であり、この本では**エレガンス線虫**、線虫、エレガンスなどと呼ぶことにする。

エレガンスは、体長 1 mm 余りの自活性の線虫であり、普通の個体は**図 1・4** の上のような形をし、体はほとんど透明である。また、内部に図 1・4 の下に示すような器官をもっている。土壌線虫の一つとされているが、土の中だけでなく、ゴミや植物の表面にもいるらしい。細菌を主なエサにしているので、細菌が多い場所を好むと思われる。多細胞動物なので、他の動物と同じように酸素を必要とし、土の中でも 10 cm 以下の浅いところにいる。

エレガンスの普通の個体は**雌雄同体**であり、1 個体の生殖巣の中で卵と精子が共に作られ、それが体内受精することによって増殖することができる。**図 1・5** にその生活環（増殖サイクル）を示す。この雌雄同体から、性染色体の異常分裂により、約 0.2 % の割合で、**雄**の個体が生ずる。雄は少し小さく、生殖腺（精子しか作らない）や外部生殖器の構造が異なる。雄は雌雄同体と交尾することができ、その場合、雄から注入された精子が、雌雄同体の体内

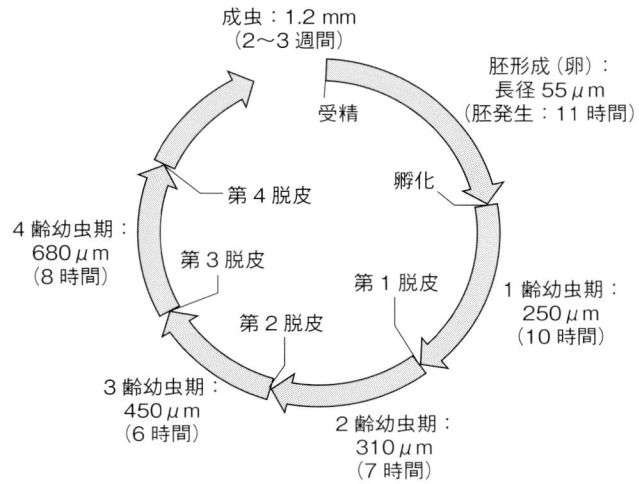

図 1・5 エレガンス線虫の生活環
大島靖美『生物の体の大きさはどのようにして決まるのか』（化学同人、2013 年）を基に作成。

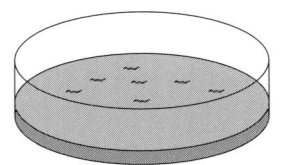

図 1・6　エレガンス線虫の寒天平板での飼育

で作られた精子より優先して受精することが知られている。

　エレガンスは、現在世界中の多くの研究室で実験材料として使われているが、実験室では普通、シャーレの中の寒天平板培地の上で、その表面に生えた大腸菌をエサとして飼育されている（**図 1・6**）。寒天平板の表面では、エサがあれば食べながら、無ければエサを探して、多くの場合活発に表面を這い回り、**図 1・7** のような軌跡を残す。これは体を横向きにしたＳ字状の動きであり、この動きがエレガント（優雅）なので、エレガンスと名づけられたと言われる。実験室内での飼育の最適温度は 20〜25℃であるが、このような条件では、一匹の雌雄同体は 200〜300 個の卵を産み、それらが 3 日前後で成虫となる。従って 1 週間で数万倍という驚異的なスピードで成長することができる。

　エレガンスの特徴をまとめると、体が小さく透明であること、雌雄同体が基本であること、実験室において簡単に飼育できること、増殖が速いことであろう。線虫全体としては、雌雄異体が一般的である。雌雄同体であることは、1 匹の個体からでも増殖できるので、増殖に有利である。また、雌雄同体として増殖を続けると、子孫は遺伝的に完全に均一な**クローン**となり、これは遺伝学の材料として非常に重要

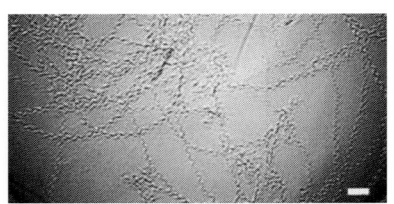

図 1・7　エレガンス線虫の寒天平板上の軌跡
スケールは 1 mm を示す。Fujiwara et al.: Neuron (2002) Fig. 2(A) より転載。

な特徴である。低い頻度で雄が生じることによって、種全体の多様性を高めて進化に役立つという有性生殖の利点ももっている。増殖が速いことは、体が小さく体制が簡単で、細胞も小さいことと関連すると考えられる。寄生性は無く、動物に対する病原性もまったく無いと言われる。

第2章

分子生物学の始まりと線虫の登場

　エレガンス線虫は、多細胞の動物でありながら、体制が簡単で解析が容易な「モデル生物」として、1960年代後半にシドニー・ブレナーによって使われ始めた。ブレナーは、その前10年余り、「分子生物学」という新しい研究分野が始まったころ、その中心人物の1人として、主にイギリスで活躍した人である。モデル生物が研究に重要であるという考えは、分子生物学的な発想であり、線虫の研究の起源は分子生物学にあるといってもよい。その意味で、この章では、ブレナーの生い立ち、分子生物学の初期の歴史、エレガンス線虫が選ばれた経緯などを述べる。分子生物学の初期の歴史は、科学史の1コマとして特筆される、興味深いものである。

2・1　ブレナーの生い立ち

　シドニー・ブレナー（Sydney Brenner、図2・1）は、1927年に南アフリカのガーミストンという小さな町で生まれた。ブレナーの両親は東欧出身のユダヤ人であり、父は1910年にリトアニアから、母は1922年にラトヴィアから南アフリカに移住した。父は靴の修理屋をしていた。ブレナーの父は読み書きができなかったが、英語、ロシア語、イーデイッシュ（スラブ系

図2・1　シドニー・ブレナー
（写真：共同通信社）

ユダヤ人などが使うヘブライ語の一種）、南アフリカ共和国の公用語であるオランダ語、ズールー語を話すことができた。

　ブレナーは、近所に住む母の親戚の婦人の家で新聞の読み方を教わり、4歳のときに読み書きができるようになった。5歳のとき、幼稚園の経営者の好意で、その幼稚園に入った。そして、1年後、3学年の飛び級をしていきなり小学校4年への入学を許された。ブレナーが優秀な生徒であったことがわかる。1941年、14歳でガーミストンの高校に入学した。

　小学校に入ったころから、ブレナーはガーミストンにあった公立図書館に入り浸り、様々な本を読んだ。そして特に化学に興味をもち、10歳頃から、近所の薬局から少しずつ器具や試薬を買い、自宅の車庫で化学の実験を始めた。その後、生化学の実験も始め、花の色素の色がpHによって変化することを見つけたりしている。

　1942年、15歳のとき、幸運なことに、ブレナーはガーミストン市からの奨学金を得ることができ、これによってヨハネスブルグにあるウィットウォーターズランド大学に入ることができた。ここで彼は、物理、化学、植物学、動物学を1年間学んだ。翌年、医学部に進み、解剖学・生理学コースを専攻した。その頃、ブレナーは、最短期間で医学部を卒業すると、若すぎて臨床医として働けないことがわかり、解剖学と生理学を学ぶ1年間の理学士（B. Sc.）コースに進んだ。その後さらに2年間、理学修士（M. Sc.）に在籍した。この間、物理化学、顕微鏡、神経学、人類学などを学ぶとともに、本格的な研究を行った。ブレナーの最初の共著論文は1945年に発表され、1946年には単著の論文が発表されている（19歳）。ブレナーの修士論文は、トガリネズミの染色体数を決めるという細胞遺伝学の分野のものであり、この結果は1952年に最も有名な雑誌ネイチャーに掲載された。

　この間多くの教員の指導をうけたが、研究を指導し、また最も大きな影響を与えたのは、組織学者であるギルマン（J. Gillman）であった。この間、ブレナーは多くの本を読み、装置の作り方、研究の仕方を学び、またギルマンと多くの議論をした。この3年間の経験が後に分子生物学者になったとき

に大いに役立ったとブレナーは述べている。ブレナーはまた、多方面に興味をもった。例えば、解剖学の教授で著名な人類学者であったダートの影響で古生物学に強い興味をもった。他方、細胞生理学、特に染色体や遺伝子にも強い興味をもち、悩んだ末、後者を選ぶ。

いろいろと紆余曲折があったが、ブレナーは結局1951年に医学士（MB BCh）の学位を得ることができた。そのときまでに、ブレナーは研究者として生きていくこと、そのために外国に行くことを決心していた。ブレナーは、**ウォディントン**（C. H. Waddington）にイギリスのケンブリッジに行くことを勧められたが、結局ケンブリッジには行けなかった。1952年、ブレナーはイギリス留学の奨学金を得ることができた。2，3の手紙のやり取りの結果、1952年10月にイギリスに渡り、オックスフォード大学物理化学の教授である**ヒンシェルウッド**（C. N. Hinshelwood）の研究室の博士課程の大学院生となった。ヒンシェルウッドは「細菌細胞の化学キネティックス（動力学）」という本を書いており、ブレナーに「細菌における**バクテリオファージ**（細菌ウイルス）抵抗性の研究」をするように示唆していた。

2・2　分子生物学の夜明け

ブレナーは、**オックスフォード大学**の大学院生として、約2年間オックスフォードで過ごした。第二次世界大戦後間もない当時（1952〜54年）のイギリスでは、まだ食料の配給制度が続いていた。また、ブレナーは植民地出身であり、社交の機会は非常に限られていたと述べている。そんな中で、ブレナーは1952年12月に結婚している。妻はロンドンの大学院生で心理学を専攻していたが、オックスフォードに移り、1954年の6月まで、2人でウッドストック通りのアパートに住んだ。妻には男の子の連れ子があったが、彼らの子供も生まれた。そして、いつも2人の祖国南アフリカの食物や暖かい気候を思い出していた。

ブレナーはこの頃、デューニッツおよびドナヒュー（J. Donohue）と知り合った。ドナヒューは、アメリカ人の結晶解析学者であり、後に**ワトソン**（J. D.

図 2·2　ジェームス・ワトソン（左）、フランシス・クリック（右）
（写真：Science Photo Library/ アフロ）

Watson、**図 2·2 左**）が DNA の構造を発見するのに重要なヒントを与えたことで知られる。1953 年になって、ブレナーはデューニッツから、ケンブリッジで**クリック**（F. H. C. Crick、**図 2·2 右**）とワトソンが DNA の構造を解明したというニュースを聞いた。同年 4 月、ブレナー、デューニッツ、オーゲル（L. Orgel）ともう一人の 4 人は、**ケンブリッジ大学**キャベンデイッシュ研究所のワトソンとクリックの部屋を訪れた。ブレナーたちは、あの有名な最初の **DNA の構造模型**（**図 2·2**）を見た。おしゃべりのクリックがしゃべりまくり、主に説明してくれた。ワトソンが時々補足した。彼は、後に長い間ブレナーが使うことになる机に座っていた。モデルと説明でその DNA 構造の重要さをブレナーは直ちに理解し、興奮で息がつまりそうになった。ブ

レナーは、クリックの話し方や情熱にとても感動したと書いている。

その日、ブレナーは歩きながらワトソンとも話をするが、ブレナーのワトソンについての第一印象は、変わりもので明敏な人物というものだった。そのとき、ブレナーは26歳、ワトソンは25歳、クリックは36歳であった。ワトソンとクリックは幸運だったと言われる。筆者（私）は、文字どおり、大変な幸運だったと思う。これに関連して、ブレナーは、自分自身も幸運だった、すなわちちょうどよいタイミングに生まれ、理想的な場所にやって来て、良いときによい人々に巡り会ったと述べている。それはまさに、「分子生物学の夜明け」（ジャドソンの著作 The Eighth Day of Creation の邦訳の題名）であった。

ブレナーにとって、次の大問題は「遺伝暗号」であった。**遺伝暗号**は、遺伝子DNAとそれが規定するタンパク質の具体的な関係である。当時、ビードル（G. W. Beadle）とテイタム（E. L. Tatum）の「1遺伝子−1酵素説」に基づき、遺伝子がタンパク質の合成を支配していると考える人が多かったが、両者の間のはっきりした構造的な相関関係を考える人はまれだった。ブレナーは、ワトソンとクリックのDNAモデルを見たときに、初めて直接的な対応関係、つまり遺伝暗号の概念に気がついたと述べている。

その後、1953年か54年に、ブレナーはタンパク質として初めてインスリンのアミノ酸配列を決定した**サンガー**（F. Sanger、図2・3）の講演を聞いている。この講演の後、ロビンソン卿が、タンパク質が一定のアミノ酸配列をも

図2・3　フレデリック・サンガー
（写真：Picture Alliance/ アフロ）

つという素晴らしい事実が明らかになったという賛辞を述べている。当時、タンパク質が一定のアミノ酸配列をもつか否かは明らかでなく、多くの人はアミノ酸のランダムなポリマーだと思っていたと書かれている。ブレナーの強い興味にもかかわらず、遺伝暗号の謎は容易には明らかにならなかった。これについては、後に述べる。

1954年の初め、アメリカのコールドスプリングハーバーにあるカーネギー遺伝学研究所の所長であったデメレック（M. Demerec）がオックスフォードを訪れた。彼はブレナーがやっていた、バクテリオファージ（細菌ウイルス、単にファージともいう）に変異を起こさせる研究に興味を示した。そして、自分の研究所に数か月間来ないかと誘い、そのための奨学金を保証した。そこで、ブレナーはその年の夏、家族を南アフリカに帰国させ、単身アメリカに渡った。

この渡米はブレナーにとって、いろいろな意味で重要なものとなった。**コールドスプリングハーバー研究所**では、**ベンザー**（S. Benzer）と出会った。ベンザーは大腸菌の**T4ファージ**（**図2・4**）を用いて、遺伝子の突然変異に関する先端的な解析を始めていた。ブレナーは彼の研究に興味をもち、一緒に研究をするとともに、この系で遺伝暗号の実体がわかる可能性に気づいた。ベンザーはこの後T4ファージrⅡ領域（遺伝子）の精密な突然変異地図を作成し、変異の最小単位は1塩基であることを示した。

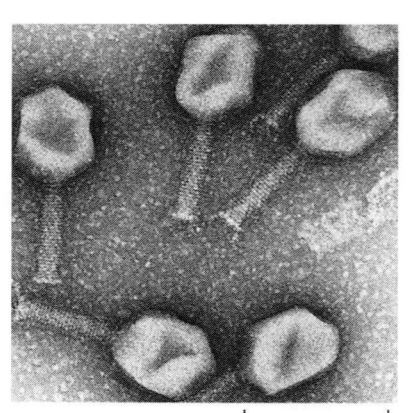

図2・4　T4ファージの電子顕微鏡写真
写真提供 James Paulson（『細胞の分子生物学』p22, Fig. 1-27（A）より転載）。

ブレナーは、アメリカ滞在中に、ウッヅホール海洋生物学研究所を訪れ、そこでワトソン、クリックと再会し、また遺伝暗号について初めて

理論的に研究した有名な物理学者**ガモフ**（G. Gamow）にも会っている。ブレナーは、また、ワトソンの車に同乗してアメリカを横断し、カリフォルニア州でカルテック（カリフォルニア工大）の**デルブリュック**（M. Delbrück、図2·5）、カリフォルニア大学バークレー校の**シュテント**（G. Stent）に会った。ベンザー、デルブリュック、シュテントは、ワトソン、**ルリア**（S. Luria）とともにいわゆる**ファージグループ**の人たちであった。その首領は

図2·5　マックス・デルブリュック
（写真：UPI＝共同）

デルブリュックであり、彼は後にハーシー、ルリアとともに**ノーベル生理学・医学賞**を受賞している（1969年、ウイルスの増殖機構と遺伝学的な構造に関する発見）。

　ブレナーは、1954年12月に、祖国である南アフリカに帰国し、出身大学であるウィットウォーターズランド大学の生理学部に研究室を持った。そこで遺伝暗号の理論的研究を行い、遺伝暗号は重複していない（一つのアミノ酸を指定する暗号は隣のアミノ酸を指定する暗号と重なっていない）ことを明らかにした。南アフリカに帰国している間に、ブレナーの才能を認めた英米の数人の人たちから研究職の申し出を受けた。その中から、ブレナーはイギリス医学研究機関（MRC）**キャベンディッシュ研究所**の職の申し出を受け入れ、1956年12月に再びイギリスに渡った。そして、翌1957年1月から3年間、年間給与千ポンドの職についた。

　現在広く認められている「**分子生物学**」という研究分野は1950年代に誕生した。ブレナーは、サンガーによる、タンパク質が一定のアミノ酸配列をもつという証明、ベンザーによる遺伝子の微細構造の解明、ワトソンとクリックによるDNA構造の発見（塩基対合）、の三つの要素によって分子生物学

が誕生したと述べている。この三つをまとめると、遺伝子とタンパク質が、配列によって対応しているという考えになる。クリックは、後にこのような考えを「配列説」として発表している（1958年）。これが、分子生物学の根幹である。この考えを具体化し、決定づけるのが、次の項に記す、メッセンジャーRNAの発見（1961年発表）である。ブレナーは、上に述べたように、当時これらの重要な発見や研究をした人たちと緊密な交流をし、分子生物学の誕生をつぶさに目撃あるいはそれに関与したことになる。

2・3　メッセンジャーRNAの発見と遺伝暗号の研究

　メッセンジャーRNAは、分子生物学を学んだ人は誰でも知っている、遺伝子とタンパク質をつなぐ情報中間体であり、しばしばmRNAと略記される。メッセンジャーは、最初日本語では伝令と訳されたが、今ではそのまま

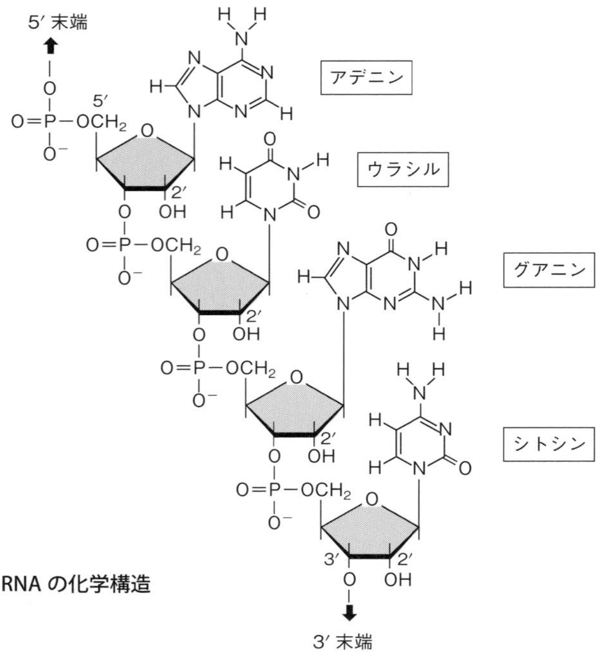

図2・6　RNAの化学構造

使われている。**RNAの化学的な構造**（図2・6）はDNAを構成する2本の鎖のそれぞれとよく似ていて、ともに**核酸**（細胞の核に含まれる酸性の物質の意、ただしRNAはむしろ細胞質中に多い）と呼ばれる。しかし、含まれる糖と塩基が異なる。糖はDNAが**デオキシリボース**であるのに対して、RNAは**リボース**であり、その違いは5員環の2′の位置の水酸基（ヒドロキシ基）の有無（DNAは無い）であるが、この違いは実はいろいろな意味で重要である。**塩基**については、アデニン（A）、グアニン（G）、シトシン（C）は共通であるが、残る一つの塩基が異なり、DNAはチミン（T）を、RNAはウラシル（U）をもつ。DNAとRNAのもう一つの違いは、DNAが**塩基対合**（図2・7）により生体中では基本的に2本鎖でできているのに対して、RNAは1本鎖である（図2・6）。

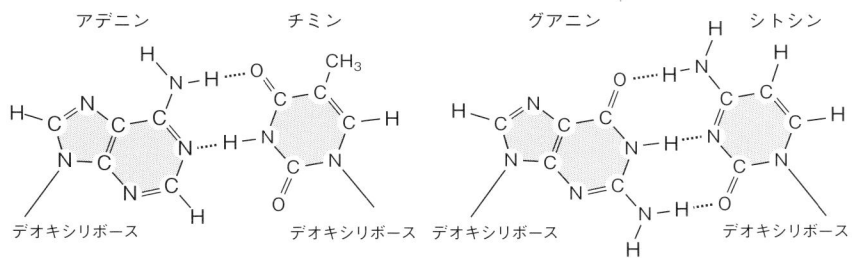

図2・7　**DNA塩基対の構造**

メッセンジャーRNAは、基本的にDNAの片方の鎖（**鋳型鎖**）の塩基配列と相補的な塩基配列をもつRNAである。すなわち、鋳型DNA鎖のA、G、C、Tが、塩基対合の法則に従ってそれぞれU、C、G、Aに変換されている。この過程は転写と呼ばれる、遺伝情報発現の第一段階である（図2・8）。このRNAの塩基配列は、鋳型鎖と塩基対合しているもう一方の鎖（**センス鎖**）の塩基配列と比べると、A、G、Cは同じであり、TがUに変換されたものになっている。すなわちメッセンジャーRNAはDNAのセンス鎖と同じ遺伝情報をもち、遺伝子の情報が正確にメッセンジャーRNAに伝えられることになる。メッセンジャーRNAがもつ塩基配列の中で遺伝情報として最も

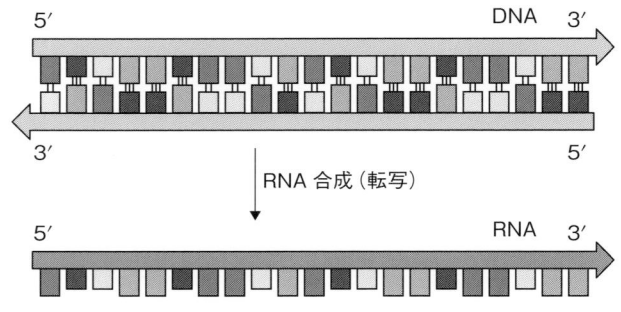

図 2・8 転写
大島靖美『生物の体の大きさはどのようにして決まるのか』(化学同人、2013 年) を基に作成。

重要な部分は**タンパク質のアミノ酸配列**を指定するものであるが、その他の必要な信号配列を 5′ および 3′ 末端にもつ。また、真核生物のメッセンジャーRNA は、転写された形のままではなく、遺伝子内部に含まれるイントロンという、遺伝情報としては意味の無い部分を除く反応 (RNA スプライシング) を経て完成する。メッセンジャー RNA が歴史的にいかにして発見されたかを以下に述べる。

遺伝子の情報 (塩基の配列) がタンパク質のアミノ酸配列にいかに伝えられるかは、1950 年代後半において、誕生間もない分子生物学の大問題であった。これは、**遺伝暗号**の問題と密接に関連してもいた。DNA がその構造に基づき、直接その上にアミノ酸を並べるというのは考え難かった。むしろ、何らかの**情報中間体**が存在し、それは RNA であると一般に考えられ、それを示唆する実験事実もあった。RNA には、現在非常に多くの分子種があることが知られているが、当時は、タンパク質合成の場である**リボソーム**に含まれる**リボソーム RNA** が唯一知られており、これが情報中間体である可能性が考えられていた。

遺伝子とタンパク質をつなぐ情報中間体についての最初の具体的な手がかりは、アメリカのヴォルキンとアストラハンの 1956 年の実験結果であった。

2・3 メッセンジャーRNAの発見と遺伝暗号の研究

彼らは、ファージ感染直後に、少量の RNA が合成され、その塩基組成が宿主細菌の DNA の塩基組成よりも、ファージ DNA によく似ていることを発見した。彼らは、これが DNA 合成の中間体と考えたが、その解釈は間違っていたことが後にわかる。

次の重要な手がかりは、フランスの**パスツール研究所**で得られた。ここでは、**モノー**（J. Monod、**図 2・9 中央**）が長年にわたり、大腸菌が乳糖を炭素源として利用するために、これを分解する β-ガラクトシダーゼという酵素が乳糖によって誘導される現象（**酵素誘導**）の研究を行っていた。この酵素誘導は乳糖添加後迅速に起こり、酵素の遺伝子が必要であるが、新しいリボソームの合成は必要で無いことが示唆された。その後、アメリカから研究に参加したパーディー（A. B. Pardee）、パスツール研究所の細菌遺伝学者**ジャコブ**（F. Jacob、**図 2・9 左**）とモノーの 3 人が、有名なパジャマ（PaJaMo）実験（1958 年）により、遺伝子が破壊されるとすみやかに β-ガラクトシダー

図 2・9　フランソワ・ジャコブ（左）、ジャック・モノー（中央）、アンドレ・ルウォフ（右）
この三人は、「酵素とウイルス合成に関する遺伝的制御の研究」により、1965 年のノーベル生理学・医学賞を受賞した。（写真：共同通信社）

ゼの合成が止まること、すなわち情報中間体は安定ではないことを示し、情報中間体はリボソーム RNA ではない可能性が高くなった。

ブレナーは以前からジャコブと知り合っていたが、この 2 人とクリックは情報の中間体のことが非常に気になり、徹底的に議論する必要を感じていた。そこで、彼らは 1960 年 4 月に、ケンブリッジのブレナーの部屋に集まった。この歴史的に重要な会合には、マーロー（デンマーク）、ギャレン夫妻（アメリカ）、オーゲルも参加した。ジャコブは、ブレナーとクリックから厳しい質問攻めにあったと回想している。そして、ジャコブが β-ガラクトシダーゼの情報中間体が不安定なものであることを確信していることを知ったブレナーは、突然、ヴォルキンとアストラハンが発見した不安定な RNA が、β-ガラクトシダーゼについても共通に情報中間体であることに気がついた。ブレナーは、興奮しながらこのことを叫び、クリックだけが直ちにその意味を理解したと書かれている。これがメッセンジャー RNA の概念が生まれた瞬間であった。

その日、ブレナーはジャコブとメッセンジャー RNA の存在を証明するための実験の計画について話し合った。それは、大腸菌に T4 ファージが感染した後、大腸菌のタンパク質合成は止まるが、ファージの増殖（図 2・10）が起こるのを利用して、T4 ファージから新しく作られた RNA が、タンパク質合成の場であるリボソームに結合することを示す実験であった。T4 ファージにはリボソーム（リボソーム RNA と多数のタンパク質からできている）の遺伝子はまったく無いので、ファージの感染後大腸菌のタンパク質合成が止まれば、リボソームも新しく作られないはずである。しかしファージの増殖は起きるので、ファージのタンパク質は盛んに作られ、そのためのメッセンジャー RNA も作られ、これが感染前の大腸菌のリボソームに結合するはずである。これが示されれば、リボソーム RNA とは異なるファージ由来のメッセンジャー RNA の証明あるいは発見となる。

その後、ブレナーの予備実験の後、ブレナーとジャコブは 1960 年 6 月にアメリカ、カリフォルニア州の**メゼルソン**（M. Meselson）の研究室にでかけ、

2・3 メッセンジャーRNAの発見と遺伝暗号の研究　　　19

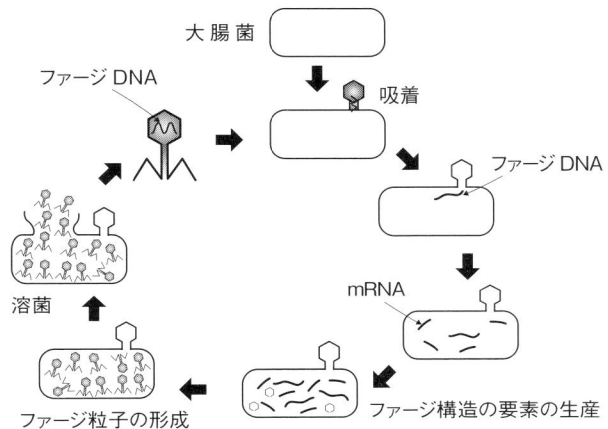

図 2・10　ファージの増殖過程
Malacinski, Freifelder 著、川喜田正夫訳『分子生物学の基礎』第3版、東京化学同人、1999年、p310、図12.2 などを参考に作成。

彼の協力の下に予定した実験を試みた。メゼルソンは、スタール（F. Stahl）とともに、塩化セシウム中での密度勾配遠心によって、通常の炭素、窒素より重い非放射性同位元素 ^{13}C と ^{15}N を取り込んで重くした DNA を、通常の軽い DNA と分離する方法を開発した。またそれによって、DNA が 1 本鎖に分離した後、それぞれが鋳型となって新しい相補的な DNA 鎖が合成されること（**DNA の半保存的複製**）を証明するという、有名な実験を行っていた（1958 年）。ブレナーとジャコブは、このメゼルソンの技術を使って、大腸菌にもとからあった「古い」リボソームと、新しく作られたリボソームを区別し、古いリボソームに、新しく作られた（放射性リン ^{32}P で標識された）RNA が確かに結合していることを証明することができた。この結果は、1961 年にネイチャー誌に発表され、歴史的にこれが**メッセンジャー RNA の発見**とされている。ブレナーたちよりもやや遅れて、ワトソンの研究室が別のシステムでメッセンジャー RNA を見つけており、論文としては同時に発表されている。

メッセンジャー RNA の発見は、遺伝子 DNA からタンパク質への情報伝達の仕組みの解明において、画期的に重要なできごとであった。しかし、**遺伝暗号**の実体、すなわち DNA（または RNA）の**塩基配列**とタンパク質の**アミノ酸**の具体的な関係は、当時（1961 年）まだわからなかった。20 種類のアミノ酸の一つを指定するには、DNA の 4 種類の塩基のどれか最低三つが必要であることは明らかであった（$4^2 = 16 < 20 < 4^3 = 64$）。しかし、3 塩基が必要だとして、アミノ酸の種類 20 と 3 塩基の配列の種類 64 との差をどう説明するか、具体的にどのような塩基の配列あるいは組み合わせであるかはまったく不明であった。ブレナーは、南アフリカでの理論的な研究で、遺伝暗号が互いに重複していないという結論を得ていたが、それは一般的に認められたわけではなかった。また、四つの塩基が暗号であるという説もあった。

このような背景の中、クリックとブレナーは、DNA の 2 本鎖の間に入り込むアクリジン色素が主に 1 塩基の付加や欠失による変異を遺伝子に起こすことを見いだし、これと大腸菌のファージを利用する遺伝学的研究によって、遺伝暗号が 3 塩基（**トリプレット**）からなることを明らかにした（1961 年）。また、ブレナーは、変異誘起剤を用いる巧妙な遺伝学実験のみにより、64 種類の 3 塩基の配列（**コドン**）の中の三つはアミノ酸を指定せず、タンパク質合成の停止の信号であること、およびその具体的な塩基配列（メッセンジャー RNA の配列として UAG、UAA、UGA）を推定することに成功した（1962 年頃）。

アミノ酸を指定する遺伝暗号を具体的に決定するには生化学的な実験が必要であった。ブレナーはウイルスの RNA を大腸菌のリボソームに加えてどのようなタンパク質がつくられるかを調べる実験を行った。しかし、同様な実験を他の人たちも行い、最初に成功したのは、アメリカの**ニーレンバーグ**（M. Nirenberg、図 2·11）たちであった。彼らは、大腸菌の抽出液による試験管内タンパク質合成系を作り、これにメッセンジャー RNA として働く可能性があると考えたいろいろな RNA を加え、合成されるタンパク質を調べる実験を行っていた。これはブレナーが試みた実験と同じ発想に基づくもの

である。これに、塩基がウラシル（U）だけでできている合成核酸の**ポリU**を加えたところ、意外にも明らかなタンパク質合成が起こり、それが何か調べた結果、ただ1種類のアミノ酸フェニルアラニンだけを含むことがわかった。この結果により、フェニルアラニンの遺伝暗号はUUUまたはUUUUであることが推定された。1961年に発表されたニーレンバーグたちの有名な論文には、突然何の理由もなくこのことが書かれている。しかし、実はポリUは、メッセンジャーRNAとして働くはずがない対照物質（**ネガティブコントロール**）として使ったことが、ジャドソンの「分子生物学の夜明け」に書かれている。おそらくそのとおりであろう。

図2·11　マーシャル・ニーレンバーグ
（写真：Picture Alliance/ アフロ）

　これが突破口となり、いろいろな組成をもつ合成RNAを用いることにより、2年ほどの間に大腸菌の遺伝暗号はほぼ推定された。ニーレンバーグたちは、さらに、3塩基の特定の配列をもつRNAを天然のRNAから調製し、アミノ酸と結合した転移RNAのリボソームへの結合と、加えた3塩基のRNAの塩基配列との対応を調べることにより、遺伝暗号が3塩基からなることとその具体的配列を明らかにした。アミノ酸を指定する遺伝暗号（コドン）は、64種類からタンパク質合成の**停止信号**である三つの**ナンセンスコドン**を差し引いた61種類であることが明らかになった（**表2·1**、1964年）。多くのアミノ酸には複数（2、4、または6種類）の遺伝暗号が存在する。大腸菌の遺伝暗号の確定には、特定の3塩基の繰り返し配列をもつRNAを化学合成し、これを利用した**コラーナ**（H. G. Khorana）も重要な貢献をした。ニーレンバーグとコラーナは、転移RNAの塩基配列を初めて決定した**ホリー**

表 2·1　遺伝暗号表

	第2文字 U	第2文字 C	第2文字 A	第2文字 G	第3文字
第1文字 U	UUU フェニルアラニン UUC 〃 UUA ロイシン UUG 〃	UCU セリン UCC 〃 UCA 〃 UCG 〃	UAU チロシン UAC 〃 UAA 終止 UAG 〃	UGU システイン UGC 〃 UGA 終止 UGG トリプトファン	U C A G
第1文字 C	CUU ロイシン CUC 〃 CUA 〃 CUG 〃	CCU プロリン CCC 〃 CCA 〃 CCG 〃	CAU ヒスチジン CAC 〃 CAA グルタミン CAG 〃	CGU アルギニン CGC 〃 CGA 〃 CGG 〃	U C A G
第1文字 A	AUU イソロイシン AUC 〃 AUA 〃 AUG メチオニン(開始)	ACU トレオニン ACC 〃 ACA 〃 ACG 〃	AAU アスパラギン AAC 〃 AAA リシン AAG 〃	AGU セリン AGC 〃 AGA アルギニン AGG 〃	U C A G
第1文字 G	GUU バリン GUC 〃 GUA 〃 GUG 〃	GCU アラニン GCC 〃 GCA 〃 GCG 〃	GAU アスパラギン酸 GAC 〃 GAA グルタミン酸 GAG 〃	GGU グリシン GGC 〃 GGA 〃 GGG 〃	U C A G

（R. W. Holley）とともに、1968年に**ノーベル生理学・医学賞**を受賞している。

　当時まったく無名であったニーレンバーグの発見は、予想外の、大変な幸運であったといえる。その理由は、①たまたま同じ研究所の仲間からポリUなどの合成RNAをもらったこと、②タンパク質合成の開始信号をまったくもたない、いわばのっぺらぼうな合成RNAが、試験管内では意外にもメッセンジャーRNAとして働いてしまったこと、である。多分、生体内ではポリUはメッセンジャーRNAとしては働かないが、生体から取り出した試験管内の系には微妙な違いがあったと思われる。しかし、試験管内タンパク質合成系という、今考えても遺伝暗号解読に最も適当と思われるシステムを用いたこと、非常に精力的にいろいろなRNAを調べたことが発見の背景にあったといえる。

ニーレンバーグの大発見の教訓は、①**試験管内の反応**は生体内の反応とは違うけれど、詳細あるいは正確な解析に重要であること、②結果は予測できないものほど画期的な意味をもち得ること、③だから余り考えず、できることをどんどんやるのがよいこと、④発見には**幸運**が必要なこと、などであろう。なお、大腸菌で初めて明らかとなった遺伝暗号は、基本的にすべての生物に共通であることが後に明らかとなる。このことは、地球上の既知の生物の起源が一つであることを示す重要な根拠と考えられる。また、原理的に、遺伝子を種の壁を越えて発現させることができる（例えば、ヒトの遺伝子を大腸菌に入れて、ヒトのタンパク質を作らせることができる）という意味でも重要である。**表2・1**は、このような、生物共通の遺伝暗号を示すものである。

　なお、当時使われたポリU、ポリAなどのRNAは、これ以前に発見されていたポリヌクレオチドホスホリラーゼという酵素を使って、試験管内で合成されたものである。この酵素は1950年代にアメリカの**オチョア**（S. Ochoa）たちによって細菌から発見されたものである。これが生体内での一般的なRNA合成（転写）を行う酵素であると誤って考えられたため、オチョアは1959年に**ノーベル生理学・医学賞**を受賞している。これは、間違ってノーベル賞が与えられた有名な例の一つである。

2・4　線虫の登場

　1953年のDNA構造の発見に始まり、1961年のメッセンジャーRNAの発見と**オペロン説**による遺伝子発現の制御機構の提唱、1964年までの遺伝暗号の解明などにより、生物学の新しい分野としての分子生物学が成立した。1960年代の前半は歴史的に分子生物学の勃興期であり、興奮の時代であったとも言われる。筆者はこの頃ちょうど大学生であったが、メッセンジャーRNAが一世を風靡していると感じ、またオペロン説に特に興味をもった。

　しかし、60年代の後半にはやや興奮が冷め、次の大きな目標や研究テーマの模索が世界的に行われるようになった。その中の大きな流れは、当然ながら、当時の分子生物学が対象とした細菌やそのウイルス（ファージ）より

も複雑な生物やその現象の理解をめざすものであった。ブレナーも、「いかにして遺伝子が高等な生物を作り上げ、発生をコントロールしているかを、その中で最も複雑なものという理由で神経系の発生を、理解したかった」と述べている（「エレガンスに魅せられて」）。「分子生物学の夜明け」の節に登場したベンザーは、**ショウジョウバエ**の研究に転向した。彼のものも含めて、ショウジョウバエの研究は20～30年後に大きく花開くことになるが、ブレナーはショウジョウバエは複雑すぎて解析が難しいと考えており、より簡単な生物を探そうとした。

　彼は、動物学、植物学の教科書を全部読んだと書いているが、非常に多くの本や文献を濫読したらしい。また、極性のある成長をする細菌のカウロバクター、細胞の集団を作る細菌テトラミタス、ユニークな輪形動物のワムシなど様々な生物を直接飼育、観察した。ゾウリムシ、アメーバなどの原生動物にも興味をもった。そうした中で、本の中で**線虫類**に出会った。線虫類は細胞が少なく、成育が速く、また遺伝学の対象となるものがあることが知られていた。そこで、ブレナーは60種類以上の線虫を集め、飼育・観察した結果、**エレガンス線虫**を選び出したのであった。

　エレガンスは、第1章に書いたように、小さく透明で体内が観察できる、細胞数が少ない、実験室で容易に飼育できる、増殖が非常に早い、雌雄同体が基本である、雄もあって遺伝学的交雑ができる、などの優れた特徴をもつ。そして、長さ1mm、直径数十μm程度に小さいことは、電子顕微鏡によって神経系の構造を詳細に調べたいと考えていたブレナーにとって非常に重要な特徴であった。

　これが、線虫登場のいきさつである。生物学の研究の歴史において、このように広く、徹底的な探索の結果選び出された材料は他に無いように思われる。もともと発生学者であった**モーガン**（T. H. Morgan）が、遺伝学的方法への転換をめざしてショウジョウバエを選んだときにもある程度このような努力がなされたであろうか。

第3章

細胞や器官はどのようにしてできるか？
2002年ノーベル生理学・医学賞受賞

　前章に書いたような経過で、ブレナーはエレガンス線虫を材料とするいくつかの研究を計画した。そして、イギリス医学研究審議会（Medical Research Council、略称 MRC）からの長期的な研究費を得ることに成功し、1960年代の終わり頃から線虫の研究を始めた。ブレナーのエレガンス線虫についての研究計画には、遺伝学の確立、神経細胞（ニューロン）ネットワークの解明、および細胞系譜の解明を中心とする組織・器官の形成過程の解明、という3本の柱があったと思われる。この研究に、サルストン、ホワイト、ホービッツその他の人たちが加わり、線虫の研究チームが作られた。この成果の中心的な業績に対して、2002年の**ノーベル生理学・医学賞**がブレナー、ホービッツ、サルストンの3人に与えられることになる（「器官の発生およびプログラム細胞死の遺伝的制御に関する発見」）。この章ではこの受賞対象の研究の概要を、受賞者ごとに分けて紹介する。この中で、ブレナー自身が直接関与したのは3本柱の前の2つであり、最初にそれらを紹介しよう。

3・1　ブレナーの研究：遺伝学の樹立と神経細胞ネットワークの解明
3・1・1　エレガンス線虫の遺伝学の樹立
　第一のテーマ、エレガンス線虫の**遺伝学の樹立**については、1974年にアメリカ遺伝学会の学会誌 Genetics にブレナーの単著の論文（参考文献リストに記載）として発表されているので、約5年を要したと思われる。この論文が単著であること、およびその謝辞から、1人の女性の助けを借りただけ

で、この研究の大部分をブレナー自身が行ったことがわかる。彼は、線虫の飼育や保存、顕微鏡観察などの方法の検討から出発し、現在でも使われているそれらの標準的な方法を開発した。

次に、まったく前人未踏であった線虫の遺伝学の研究のため、**エチルメタンスルホン酸**（EMS）という強力な変異誘導剤を用いて線虫に**突然変異**（今後単に変異と呼ぶ）を誘導し、形態、運動、発生などについての、顕微鏡観察で見分けることができる変わった個体（**変異体**）を見いだすことを試みた。一般的に、多くの変異は劣性であり、エレガンス線虫は体細胞が基本的に2セットの染色体をもつので、**劣性変異**については、二つの**相同染色体**が両方ともに同じ変異をもつ個体（変異型ホモ個体）においてのみ異常な表現型が現われ、変異体であることがわかるはずである（図3·1）。そこで、エレガンス線虫の通常の個体が雌雄同体であることが、変異体の分離に大きく役立つ。

具体的には、若い成虫または4齢幼虫をEMSで処理し、その1個体ずつをエサの大腸菌の生えた1枚の寒天平板におくと、1～2日で子供（F1）になる卵が産み落とされる。卵が50個くらいになったら、親を取り除き、数日飼育を続けると、数千の孫（F2）の線虫の個体が成虫となる。遺伝する変異は、F1になるべき卵子、精子または元の生殖原細胞に起こるが、いず

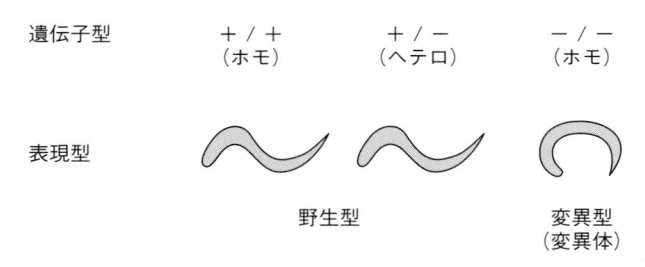

図3·1　エレガンス線虫の遺伝子型と表現型の関係
＋は野生型遺伝子（染色体）を、－は劣性変異をもつ遺伝子を示す。劣性変異については、一対の相同染色体の両方の遺伝子が変異をもつホモ個体のみが正常と異なる変異表現型を示し、変異体であることがわかる。

3・1 ブレナーの研究：遺伝学の樹立と神経細胞ネットワークの解明

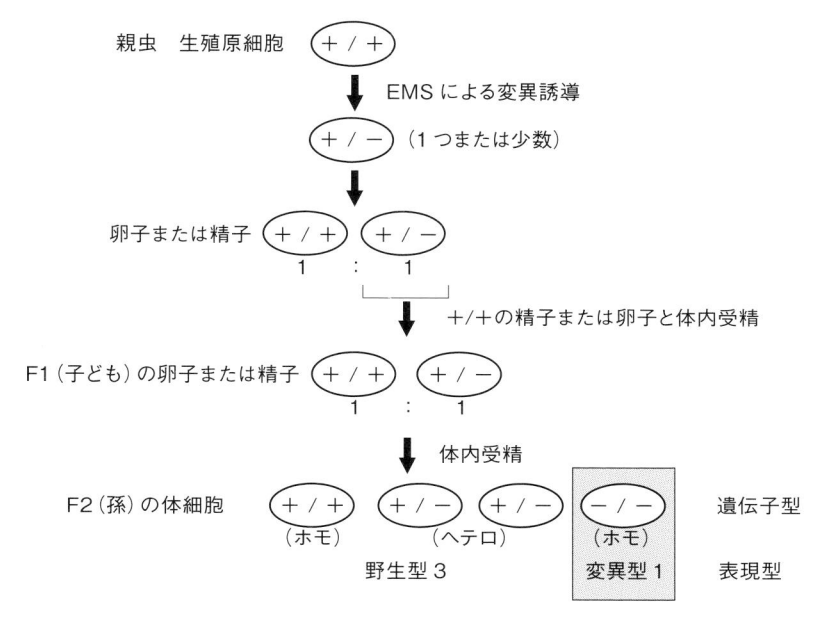

```
親虫 生殖原細胞  (+/+)
                   ↓ EMSによる変異誘導
                 (+/-) （1つまたは少数）
                   ↓
卵子または精子 (+/+) (+/-)
              1  :  1
              └──┬──┘
                 ↓ +/+の精子または卵子と体内受精
F1（子ども）の卵子または精子 (+/+) (+/-)
                           1  :  1
                             ↓ 体内受精
F2（孫）の体細胞 (+/+) (+/-) (+/-) (-/-)  遺伝子型
                 （ホモ）（ヘテロ）   （ホモ）
                    野生型3          変異型1  表現型
```

図3・2　エレガンス線虫での劣性変異体の分離の方法
親虫の変異誘導から、その孫（F2）においてその1/4が
劣性ホモ変異体になることを示す。

れの場合もそのどれかに由来する受精卵はその変異を一方の染色体にもつ。そのようなF1成虫では、卵子、精子ともにその1/2が変異をもつので、体内受精の結果生まれるF2の1/4が変異を相同染色体の両方にもつ**ホモ変異体**となる（図3・2）。EMSは高い割合で線虫に変異を起こすので、F2の千個体程度を調べると、変異体（ホモ）が見つかる。

1匹の親虫由来の1枚の寒天平板からいくつかの変異体候補を選び、培養して子孫に変異表現型が遺伝することを確認し、最終的に一つの変異体を残す。1回の変異誘起実験で、30〜40枚の寒天平板を使い、30〜40匹の親虫由来のF2個体を調べる。このような実験を多数行った結果、ブレナーは多くの変異体を分離・同定することができた。**図3・3**は、形態の変異体の代表的なものの写真であり、野生型（a）、太短い（dumpyあるいは *dpy*）変

異体（b）、小型（small あるいは *sma*）変異体（c）、および細長い（long あるいは *lon*）変異体（d）が示されている。エレガンスでは、*dpy*、*sma*、*lon* のような斜体の3文字にハイフンと発見順の数字をつけ（*dpy-1*、*sma-2* など）、変異体、その原因となる変異、またはその変異を起こす遺伝子の名前を表すが、この決まりはブレナーのこの論文に始まっている。ちなみに、この図は上記の遺伝学の論文にある、唯一の写真である。

　形態の変異体としては、他に水泡のあるもの（blistered あるいは *bli*）、様々な異常が現われるもの（variable abnormal あるいは *vab*）などが見つかっている。しかし、ブレナーが見いだした変異体の中で最も多かったのは、移動運動の何らかの異常をもつもので、これらは、大部分が uncoordinated（運動の統合失調）あるいは **unc 変異体**と名づけられた。運動異常の変異体の中で、移動するときに体が体軸の周りに回転してしまうものは roller または *rol* 変異体と呼ばれる。

　表3・1 は、上に述べたような多数の変異誘起実験の結果得られたそれぞれの種類の変異体の数、この後で述べる遺伝子の染色体上の配置の概要を示すものである。全部で550系統の独立した変異体が得られ、その中の約2/3（364系統）が *unc* 変異体であることがわかる。Dumpy 変異体と small 変異体の合計が二番目に多かった（110系統）。なお、このような変異体分離実験では、発生や生存に必須な遺伝子の変異で生ずる**致死変異体**は基本的に見つからないはずである（後に、ある条件で致死となる変異体が多数得られている）。また、発生や成長が遅い変異体は見つかり難いと思われるので、ブレナーは少し違う条件での変異体分離実験も行い、それによって別の69系統の変異体も分離したが、その内容は上に述べたものと大きな違いは無かった。

　さて、**図3・3** に写真がある *dpy-1*、*lon-1* の1は、一般的には変異体の番号というよりは、遺伝子の番号という方が正しい。遺伝子は、変異体を見ただけではわからず、変異体の示す**表現型**（Dumpy, Small, Long など）の原因となる染色体上の領域（場所）を調べて初めて推定され、名前をつけることが

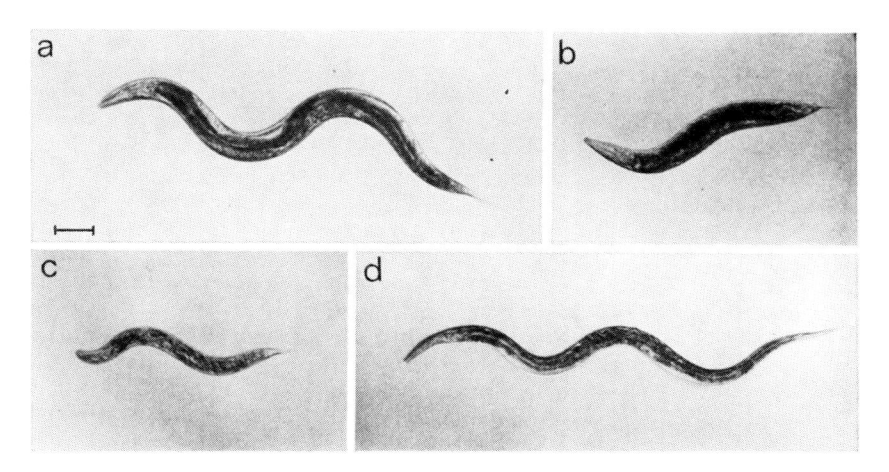

3・1 ブレナーの研究：遺伝学の樹立と神経細胞ネットワークの解明

図 3・3 エレガンス線虫の野生型と形態の変異体
スケールは 0.1 mm（100 μm）。
Brenner: Genetics（1974）Fig. 1 より転載。

表 3・1 線虫変異体の表現型，およびマッピングの概要

表現型	常染色体の変異体 位置づけ 済	常染色体の変異体 位置づけ 未定	性染色体の変異体 位置づけ 済	性染色体の変異体 位置づけ 未定	未同定 優性変異	未同定 その他	計
Uncoordinated	173	39	41	59	9	43	364
Dumpy and small	71	8	5	24	2	0	110
Long	5	0	4	1	0	0	10
Roller	2	2	0	1	2	0	7
Blistered	8	0	0	0	1	0	9
Abnormal	0	17	0	3	0	24	44
その他	..	..	..	..	..	..	6
計	259	66	50	88	14	67	550

Brenner: Genetics (1974) Table 1 に基づいて作成.

できる．このような作業は遺伝子のマッピング（地図作り）と呼ばれる．ブレナーの論文の二つめの大きな内容はこのマッピングであり、これに大半の時間と労力が割かれたと思われる。

遺伝子マッピングの最も一般的な方法の原理は、調べたい変異 a をもつ雄と、基準となる別の変異 b をもつ雌（またはその反対の組み合わせ）を掛け合わせ、その子供の中での**組換え**を起こしたもの（野生型、または a、b 両変異をもつもの）の割合を調べ、二つの遺伝子 a、b の間の組換えの確率が a、b の間の距離に比例するという法則に基づくものである。実験をやり易くするため、目印となる別の変異を併せてもつ変異体を用いる場合などもある。エレガンス線虫でもこの方法は原理的に可能であるが、雌は無いので、雌の代わりに雌雄同体を使うことになる。すると、雌雄同体の卵子は、雄の精子と受精するが、自分自身のつくる精子とも受精するので、これを区別するという余計な手間が必要になる。

そこで、エレガンス線虫では、例えば1方の染色体が a+、他方が +b というヘテロな雌雄同体を交雑で作製し、雌雄同体での生殖細胞の生成の際の**減数分裂**に伴って起こる組換えを利用して、野生型（++）または ab 二重変異体の出現頻度を調べるのがより便利な方法として使われる（**図 3·4**）。このような方法により、様々な変異体の間で相互に組換え実験を行い、その結果から**遺伝子地図**が作成された。

一見同じ dumpy 変異体でも、マッピングの結果異なる位置に変異がマッピングされれば元の遺伝子は異なることがわかり、初めて *dpy-1*、*dpy-2* のように遺伝子名が与えられることになる。このようにして得られた遺伝子地図の一部は、**図 3·5** に示すようなものである。これは、図にあるようないくつかの遺伝子が互いに物理的に連鎖している遺伝子連関群の一つであり、そ

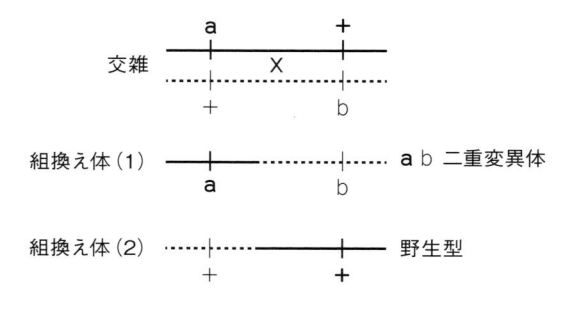

図 3·4 上と下の染色体（2本鎖 DNA）が、二つの遺伝子 a、b の間で起こす組換えを示す一般的な図式
＋は野生型遺伝子を、a、b は変異型遺伝子を示す。

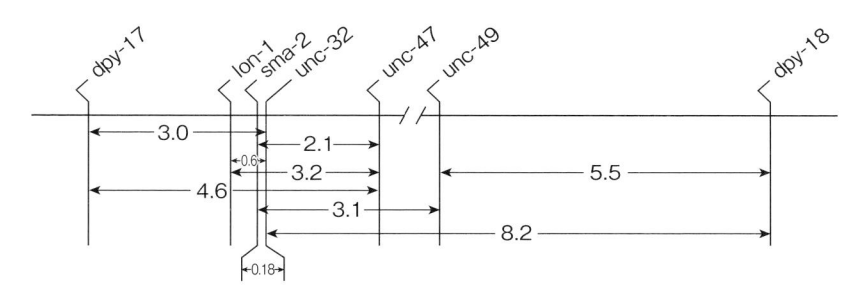

3・1 ブレナーの研究：遺伝学の樹立と神経細胞ネットワークの解明

図3・5　エレガンス線虫の第3染色体（連関群III）の遺伝子地図の一部
Brenner: Genetics (1974) Fig. 3 (part of LG III) より転載。

のIIIと名づけられたもの、すなわち第3染色体の一部である。図中の数字は組換えの頻度（％）を示し、これが遺伝子間の距離を示すと考える。エレガンスの**染色体**は常染色体が五つ（I～V）、性染色体が一つ（X、雌雄同体 XX、雄 XO）であることがわかった。ブレナーは、その上に約100種類の遺伝子をマップする（位置づける）ことに成功した。その約7割が *unc* 遺伝子であった（*unc-1* ～ *unc-71*）。マップされた他の遺伝子は *dpy* 15個、*sma* 4個、*lon* 2個、*bli* 5個、*rol* 3個であった。

　このようにして、誰も遺伝学材料として扱ったことのなかったエレガンス線虫の遺伝学的方法が確立され、その染色体や遺伝子の概要が明らかとなった。これは、膨大な実験の結果であり、これをほとんど独力で、5年という短期間でなしとげたことは、ブレナーの生物学実験における非凡な優秀さを示している。もし筆者が同じ状況におかれたとしたら、方法を確立できずに挫折したか、完遂できたとしても3倍の時間がかかったであろう。

3・1・2　エレガンス線虫の神経回路の解明

　エレガンス線虫の成虫には、900あまりの体細胞があるが、**神経系**はその1/3以上からなり、その意味でこの線虫の最大の器官であることが現在わかっている。**ブレナー**は、この神経系の構造（構成細胞とその結合）を**電子顕微鏡**を用いて詳細に解明することを計画した。そして、**ホワイト**（J.

G. White)らの有能な技術者を見いだし、彼らの研究を指導し、直接的にも自ら構造解析の手段としてのコンピューターシステムの開発などを行った。この研究は困難で膨大なものであるが、15年以上の年月を費やして完成し、1986年に300ページ以上の大論文として発表された（White, Southgate, Thomson and Brenner: Phil. Trans. Roy. Soc. Lond. B, 1-340）。器官の形成の遺伝的制御というノーベル賞の授賞の対象にとって、**神経系の構造の解明**は、遺伝学の樹立、およびサルストンとホービッツによる細胞系譜の解明と並んで、その基礎をなす重要な業績である。また、このような、神経系全体についての精密な構造解析がなされた例として、全動物の中でいまだに唯一のものである。ここで、その概要について述べる。

彼らが用いた神経系の構造解析の方法は、線虫を薬品で固定した後、細長い線虫の体軸と直角の向きに、厚さ 50 nm（0.05 μm）の超薄切片を連続的に作製し、それらについてすべて電子顕微鏡（透過型）の写真撮影を行い、神経系を含む線虫全体の構造を画像から再構成するという徹底したものであった。長さ約 1 mm の線虫全体では、1回の解析に約2万枚の超薄切片の作製、電子顕微鏡による観察・撮影、再構成、結果からの各細胞の構造やその間の接続の理解・解釈が必要である。各部分について、納得できる構造のイメージができるまで解析を繰り返し、それらを継ぎ合わせ、全体像の作製とその解釈を行ったと思われる。これは真に膨大な仕事である。

図3・6に、解析に用いられた電子顕微鏡画像の1例を示す。中央付近の線で囲まれた部分は、すべて**ニューロン**（神経細胞）またはその突起（**神経突起**）である。この写真には記されていないが、ニューロンにはすべてアルファベット3文字または4文字を基本とする名前がつけられている（AVFR、PVQLなど）。これは、腹部神経節の前側の部分という、最も多数のニューロンの細胞体や神経突起が存在する部位であり、線虫といえども神経系は複雑であることがわかる。**図3・7**は、図3・6の顕微鏡像に示す腹部神経節を含む、咽頭（食道）付近に存在するニューロンおよびニューロンに関連する細胞（高等動物神経系でのグリア細胞に相当するもの）の細胞体の位置を示

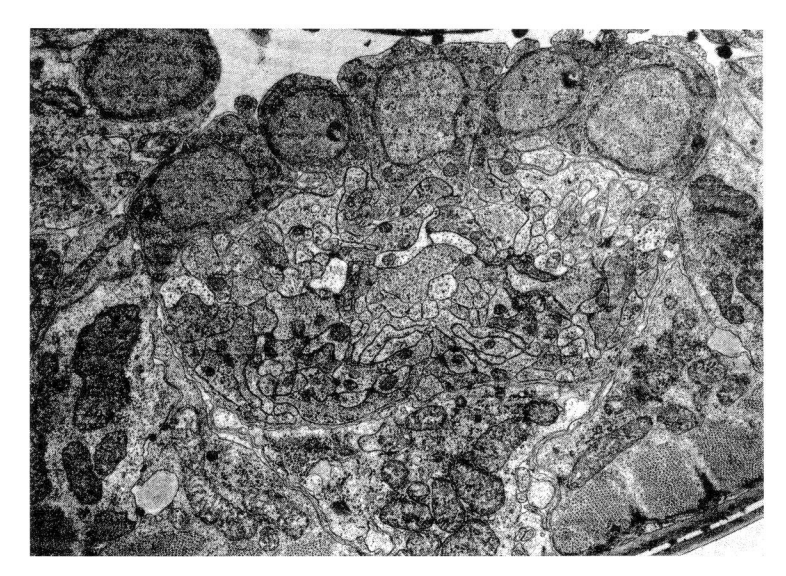

図 3・6 線虫の超薄切片の電子顕微鏡画像の例（腹部神経節の前の部分）
White *et al.*: Phil. Trans. Roy. Soc. Lond. B（1986）Fig. 16（a）より転載。

すもの（上：咽頭の左側面、下：右側面）である。この部分には線虫のすべてのニューロンの大半の細胞体が存在し、特に咽頭のくびれの部分の周囲は**神経環**と呼ばれ、線虫の神経中枢（脳）に相当する。

　このような解析の結果、エレガンス線虫の雌雄同体の成虫には、302個のニューロンと、56個のグリアまたはニューロンを支持する細胞が構造を基にして同定された。ニューロンは、概念的に、感覚ニューロン、運動ニューロン、介在ニューロン（インターニューロン）に分けることができる。**感覚ニューロン**は、何らかの刺激を感知してそれを他のニューロンに伝えるもの、**運動ニューロン**は筋肉を刺激して運動を起こさせるもの、**介在ニューロン**は、複数あるいは多数のニューロンの間での信号の伝達や調整を行うものである。エレガンス線虫においては、これらの機能を複数もつニューロンもあり、計302個のニューロンの中のいくつが3種類のニューロンのどれに分類されるかは、はっきり示されていない。

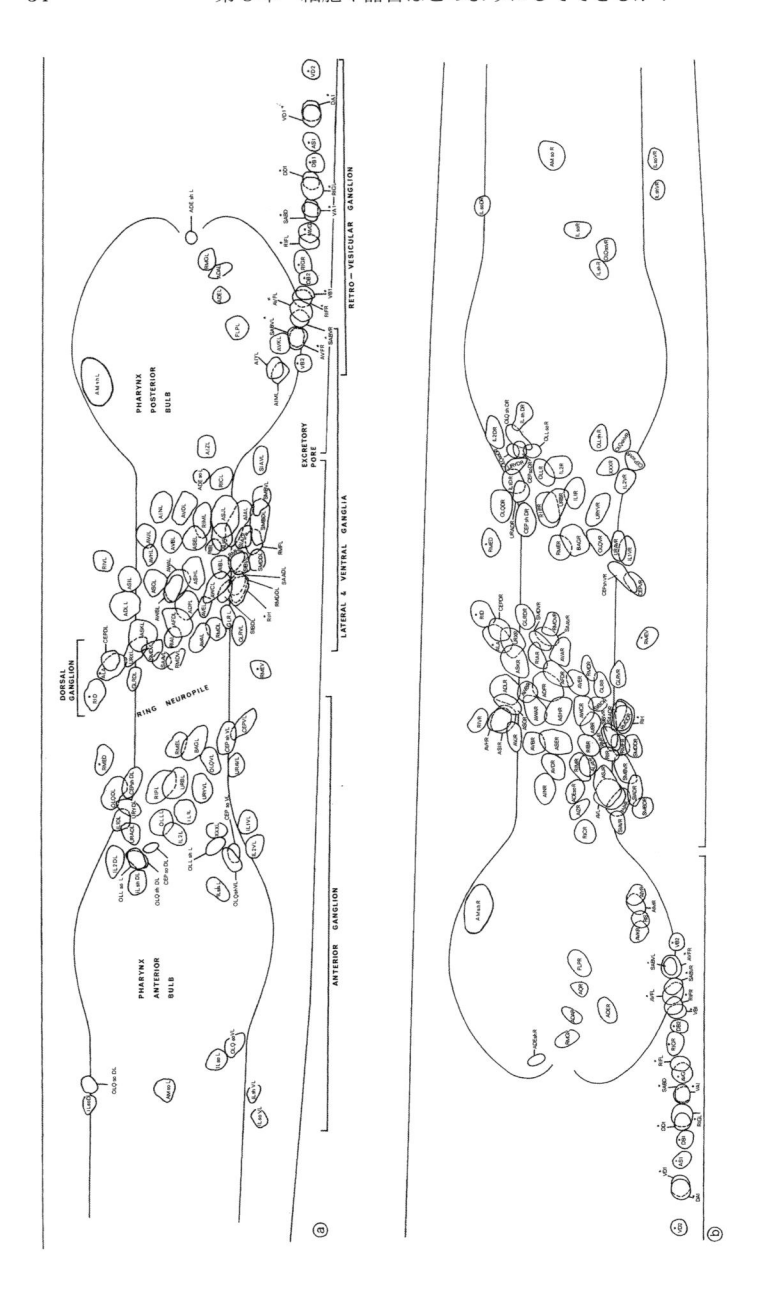

34　第3章　細胞や器官はどのようにしてできるか？

図3・7　頭部におけるニューロンと関連細胞の細胞体の位置
White *et al*.: Phil. Trans. Roy. Soc. Lond. B (1986) Fig. 2 より転載。

図 3·8 は、線虫全体の中での、それぞれのタイプのニューロンの細胞体と突起の位置を示す図の例を示すものである。化学物質を感じるといわれる感覚細胞 ADFL は、細胞体（黒丸）が咽頭周囲の**神経環**に存在し、ここから刺激を感知するための突起を線虫の先端である口の周囲に伸ばし、そこで感知した刺激を細胞体および神経環内に伸びる**神経軸索**を介して他の介在ニューロンに伝える。この ADFL ニューロンは、介在ニューロンや他の感覚ニューロンからの信号を受け取って処理することもしている。ADFL は、細胞体が線虫の左側にあるが、右側のほぼ対象の位置に、同じ機能をもつ ADFR ニューロンが存在する（Left＝左、Right＝右）。

運動ニューロン DA3 は、細胞体を体の中央よりやや前の腹部神経束の近くにもち、AVA、AVD などの介在ニューロンの刺激を受ける。そして、神経軸索（前方に伸ばした長い方の神経突起）を通じていくつかの背側の**体壁筋肉**に収縮の刺激を与え、線虫が後退するように指令する役割をもつ。介在ニューロン AVAL は、細胞体が神経環にあり、尾に近いところまで長く軸索を伸ばし、腹部神経束に沿って細胞体をもついくつかの運動ニューロン（VA、DA、AS）とシナプスを形成し、後退運動の指令に関与する。

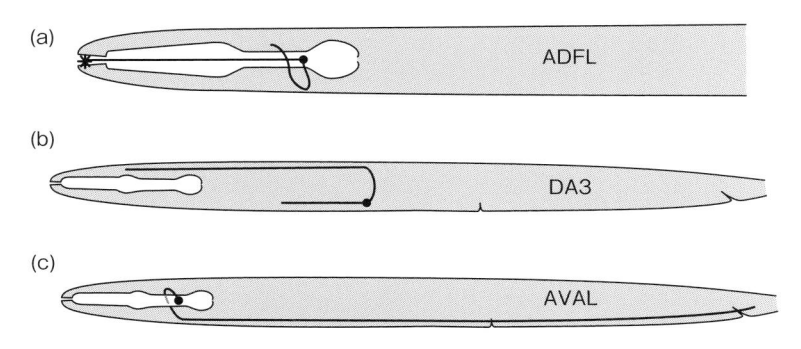

図 3·8 体全体の中でのニューロンの細胞体（丸）および突起（太い線）の位置を示す図の例
（a）感覚ニューロン ADFL、（b）運動ニューロン DA3、（c）インターニューロン AVAL。White *et al*.: Phil. Trans. Roy. Soc. Lond. B (1986) Appendix を参考に作成。

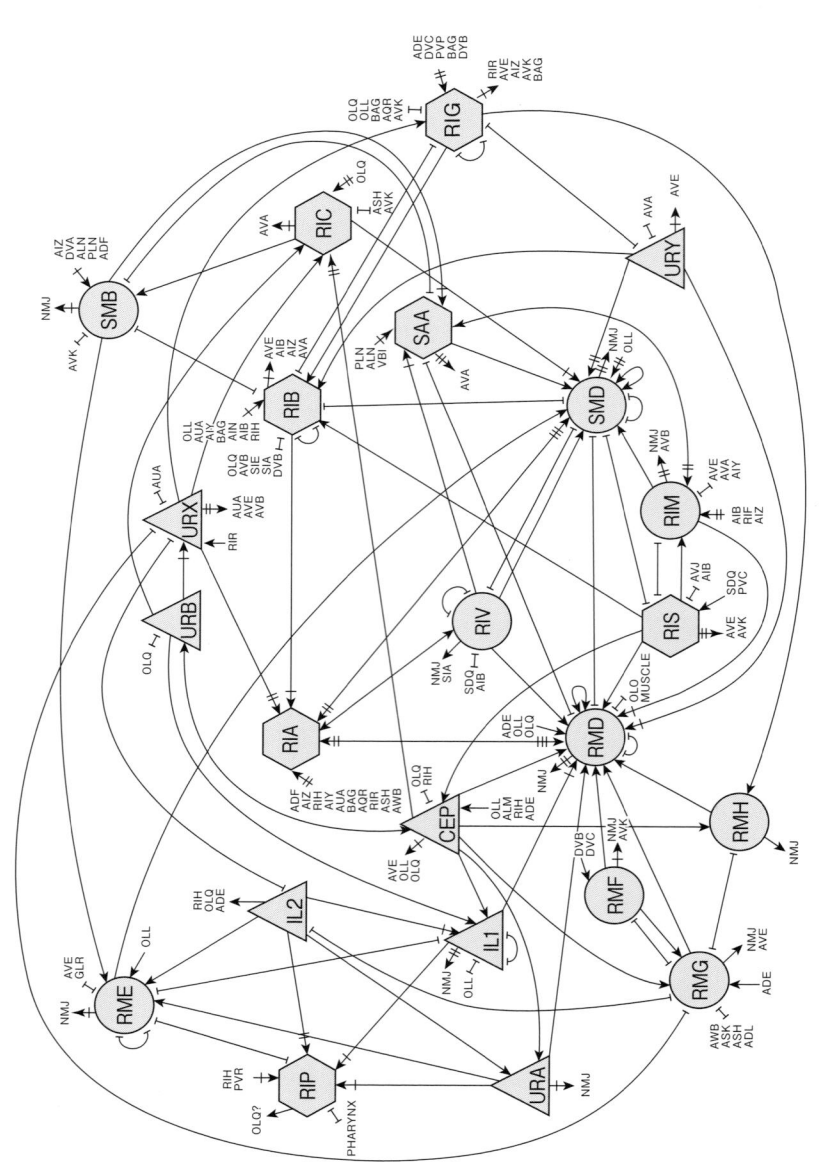

図3・9 神経環における運動ニューロンに関連する神経回路

White *et al*.: Phil. Trans. Roy. Soc. Lond. B (1986) Fig. 21 (c) を基に作成。三角形は感覚ニューロン、丸は運動ニューロン、六角形は介在ニューロンを示す。

3・1 ブレナーの研究：遺伝学の樹立と神経細胞ネットワークの解明　　　37

　図3・9は、このようないろいろなニューロンの間の接続を示す神経回路（神経ネットワーク）の一例である。三角形が**感覚ニューロン**、丸が**運動ニューロン**、六角形が介在ニューロンを示す。この図は、神経環に細胞体が存在する運動ニューロンに関連する神経回路であり、その主な機能は**体壁筋肉**に移動運動を指令することである。矢印は**シナプス**（化学シナプスともいう）とその信号伝達の向きを示す。シナプスは、その構造に基づいて推定される重要度で4種類に区別されている（矢のそばの矢印と直角に交わる線の数0〜3による、3本線のある矢印が最も重要）。T字形はギャップ結合を示す。また、図中に図形としては表されていない多数の関連するニューロンが、小さい字体で記された名前によって示されている。

　図3・10は、線虫頭部（咽頭付近）の神経突起の全体的な様子を模式的に示したものであり、神経環（nerve ring）、腹部

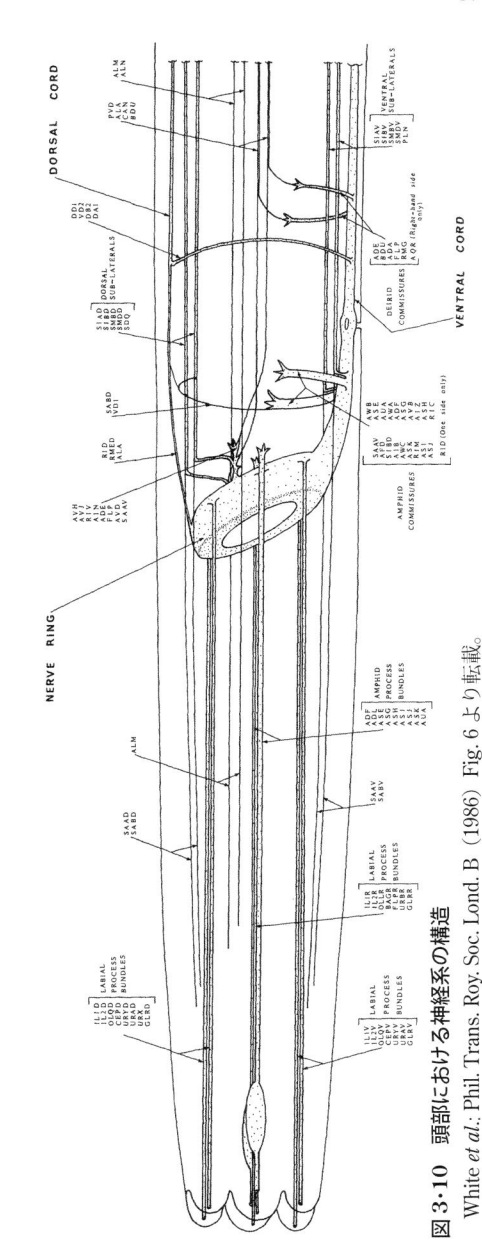

図3・10　頭部における神経系の構造

White et al.: Phil. Trans. Roy. Soc. Lond. B (1986) Fig. 6 より転載。

神経索(ventral cord)、背部神経索(dorsal cord)などが最も主要な構造をなす。この図から、線虫の神経系の全体的な構造をイメージすることができよう。

3・2　サルストンの研究：細胞系譜の解明

　2002年のノーベル生理学・医学賞の受賞者の1人**サルストン**（John E. Sulston）の写真を図3・11に示す。彼はイギリス人で、1942年に生まれ、ケンブリッジ大学卒業後、その大学院で学び、博士の学位を取得した。大学院では、オリゴリボヌクレオチド（RNA）の有機化学的合成の研究を行っている。その後、米国サンディエゴのソーク研究所において、オーゲルの下でRNAの合成についての化学進化的な研究を行った。このように、線虫の研究に入る前のサルストンの受けた教育や行った研究の分野は、化学および生化学であった。サルストンは、オーゲルのすすめに従い、1969年にイギリスにもどり、ケンブリッジ大学にあるMRC分子生物学研究所のブレナーの研究室でエレガンス線虫の研究を始めることとなった。

　サルストンがエレガンスについて行った初期の研究は、多岐に渡っている。一つは、線虫からDNAを分離し、DNAの1本鎖から2本鎖への再生反応を利用して細胞あたりのDNAの含量（ゲノムの大きさ）を推定することであった（1974年論文出版）。二つめは、神経系の変異体の解析に関連して、エレガンスの神経伝達物質の一つとして予想された**GABA**（γアミノ酪酸）の生合成に関与するグルタミン酸脱炭酸酵素の変異体を見つける試みであるが、うまくいかなかった。もう一つは、

図3・11　ジョン・サルストン
（写真：ロイター/アフロ）

3・2　サルストンの研究：細胞系譜の解明

線虫をホルムアルデヒドで処理して、別の神経伝達物質である**ドーパミン**を可視化し、それによってドーパミンの生合成などの変異体を見つけることであり、これは成功した（1975 年論文出版）。短期間で複数の新しい研究を成功させ、論文を出版したことはサルストンの優秀さを示しているが、線虫の研究の初期においては、研究の方向について試行錯誤していたことがうかがえる。

　しかし、この試行錯誤の中で、研究の方向を決めるきっかけとなる重要な発見があった。それは、ホルムアルデヒドによって誘導されるドーパミンの蛍光を示す神経細胞が、孵化後において、多数新しく生ずることであった。当時の動物一般の常識では、神経系は孵化以前の胚においてでき上がっていると考えられていた。そして、研究室のボスであるブレナーは、以前に記したとおり、**細胞系譜**の解明を線虫の研究の重要な柱としていたにも関わらず、孵化以前の胚において細胞系譜を調べることは非常に難しいと考えられた。しかし、上の発見により、孵化後の幼虫でも、その後に起こる細胞分裂により新しく作られる細胞については、その系譜（親－子－孫といった細胞の先祖－子孫の系統関係）を調べることができる可能性がでてきた。この時点で初めて、サルストンは真剣に幼虫を対象とする細胞系譜（正確には細胞核の系譜）の解析を試みることになった。

　しかし、最初は、観察のために線虫を動かないように固定すると、死ぬか発生が止まるかして、幼虫での細胞の観察は胚での観察以上に難しかったと、サルストンは受賞講演で述べている。エレガンス線虫は、体の構造や発生の時間経過などの個体間のばらつきが少なく、研究し易い材料ではあるが、それでもある程度ばらつきがあるので、細胞系譜の解析のためには、1 匹の生きた個体での連続的な観察が絶対必要であった。サルストンは、試行錯誤の末、スライドガラスの上に薄い寒天平板を作り、そこにエサの大腸菌を狭い範囲に薄く塗り、線虫 1 匹を置き、カバーガラスをかぶせ、線虫が狭い平面内で動き、発生を続ける状態で細胞分裂や系譜を観察することによって、この難問を解決した。これには、線虫がある程度動いても、写真撮影により、

また記憶やスケッチにより、いくつかの細胞の位置を記録する技術が必要で、多数の実験の積み重ねに基づく熟練が必要であったと思われる。

このようにして、発生途中の 1 匹の線虫の幼虫の細胞を、生きたまま続けて観察できるようになった。図 3·12 にその観察例を示す。エレガンス線虫では、生きた状態でも、微分干渉装置をつけた顕微鏡により、細胞の核やその分裂の過程を観察することができる。この図には 10 個ほどの細胞核がその名前とともに示されている。他方、細胞と細胞の境界（細胞膜）は見えないので、厳密には細胞が見えるとはいえない。エレガンス線虫の多くの細胞は一つの核をもつので、核と細胞は対応する。しかし、複数の核をもつ細胞も出現する。例えば、図 3·12 の sy と書かれた核は、多数の核をもつ下皮の多核細胞体（syncytium）のものである。従って、ここで細胞系譜というのは、厳密には細胞核の系譜であるが、生物学的には充分、あるいはより豊富な情報を与えるので、より優れているということができる。

図 3·13 の上の図は、このような多数の観察によって、孵化後 2 時間における一齢幼虫の体全体の中の 30 個ほどの核の位置を示すものである。この

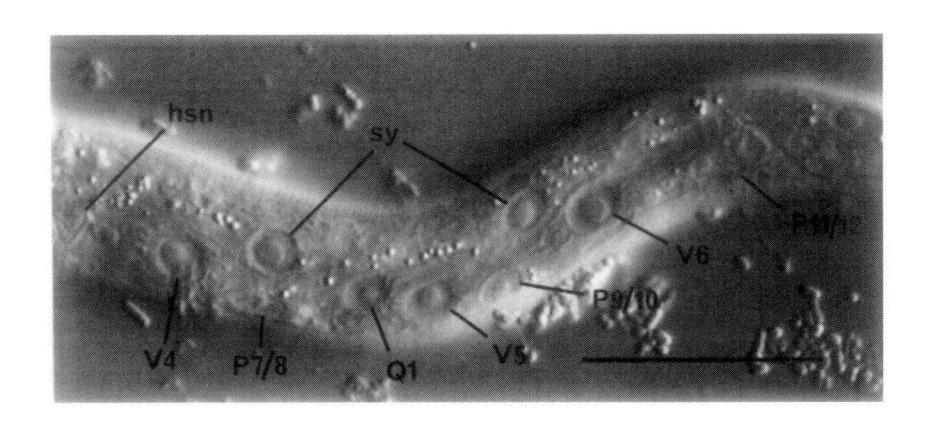

図 3·12 エレガンス線虫の細胞核の顕微鏡像の例
雌雄同体の若い一齢幼虫の左側の下皮の細胞核の微分干渉像。
Sulston and Horvitz: Dev. Biol.（1977）Fig. 3 から転載。

3・2 サルストンの研究：細胞系譜の解明

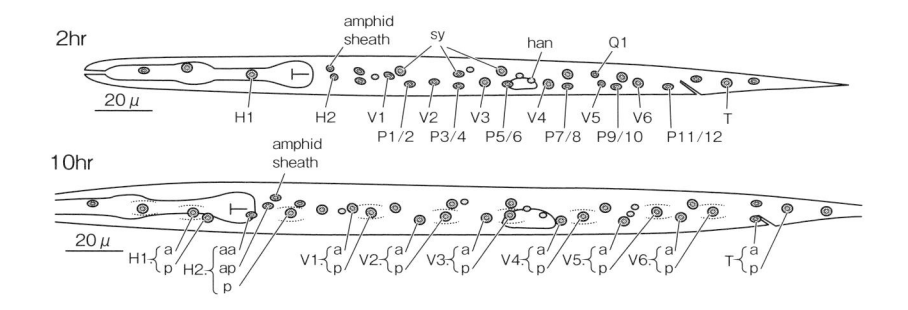

図 3・13　線虫体内の細胞核の存在部位を示すスケッチの例
孵化後 2 時間（上）、および 10 時間（下）の一齢幼虫の左側の下皮の細胞核を示す。
Sulston and Horvitz: Dev. Biol.（1977）Fig. 9 の一部を基に作成。

図で示されている核の中で、H1、H2、V1、V2、P1/2、T などの名前がつけられた核は、その後分裂を続ける、各系譜の基になるものである。図 3・13 の下の図は、孵化後 10 時間における H、V、T の核から生まれた新しい核の位置を示すものであり、これらの核の多くが孵化後 2 時間から 10 時間までの 8 時間の間に 1 回分裂して二つの核になっていることがわかる。例えば、H1 は分裂して H1a と H1p になっているが、a は前方（anterior、頭側）、p は後方（posterior、尾側）にあることを示す。このように、孵化時に存在した核から分裂によって新たに生まれたすべての核にその由来を示す系統的な名前がつけられる。

　このようにして明らかになった孵化後の細胞（核）の系譜の一例として、図 3・14 に T 系譜を示す。この図に示された核の中で、例えば T.apaa；sy と書かれたものは、T の核が 4 回分裂して生じたものであり、その分裂後の位置が 1、2、4 回めの分裂については前方（a）、2 回めの分裂については後方（p）であったこと、できた核は下皮の多核細胞体（sy）に含まれることを示す。なおこの例には無いが、核の分裂は背腹軸方向に起こることもあり、その場合分裂によって生じた背側の核は d（dorsal）、腹側の核は v（ventral）と名づけられる。

このようにして、サルストンと、途中から研究に参加したホービッツ（後述）の2人により、雌雄同体での孵化後のすべての細胞系譜が2年ほどで明らかにされ、1977年に大論文として発表された（Sulston and Horvitz: Dev. Biol. 56, 110-156, 1977）。なお、雄の孵化後の体細胞系譜は、生殖巣および尾についてのみ雌雄同体と異なるが、1980年までに、サルストンを中心として明らかにされた。

しかし、孵化より前の卵（胚）における細胞系譜は、この時点で難攻不落の課題として残っていた。図3・15に、胚の発生や細胞（核）分裂の様子を示す。胚の細胞系譜の解析は最初とても難しかったが、顕微鏡で観察し、スケッチするという孵化後の幼虫の場合と同じ方法で辛抱強く調べるうちに、次第に系譜のイメージが頭の中にできていったと、サルストンは述べている。

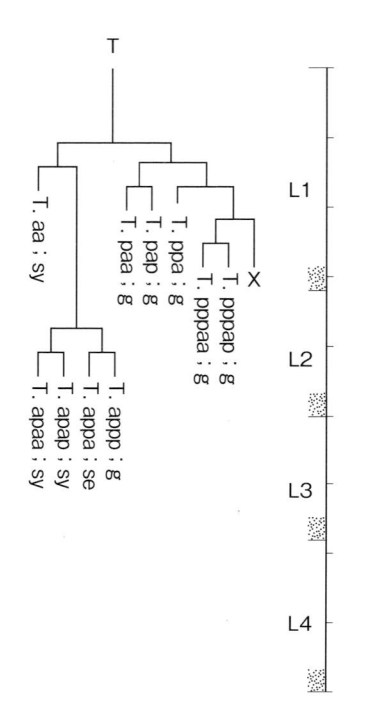

図3・14 細胞系譜の例
T細胞に由来する細胞（核）の系譜を示す。Xは細胞が死ぬことを示す。Sulston and Horvitz: Dev. Biol.（1977）Fig. 10 の一部を転載。

そして、約1年半で、1個の受精した核から孵化直後の一齢幼虫のすべての核への系譜が明らかとなり、1983年にサルストンら4人連名、56ページの大論文として発表された（Sulston, Schierenberg, White and Thomson: Dev. Biol. 100, 64-119, 1983）。

この論文では、**胚における全細胞系譜**が12ページにわたる図として記され、そこには、孵化後の細胞系譜からすでに明らかであった、各細胞が成虫において最終的にどのような組織や器官になるか（発生運命）も示されてい

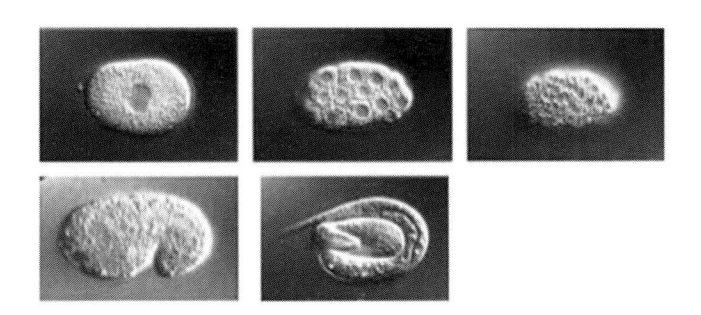

図3・15 線虫の受精卵から孵化までの発生の様子
サルストンのノーベル賞受賞講演の Fig. 18 から転載。
(http://www.nobelprize.org/nobel_prizes/medicine/laureates/2002/
sulston-lecture.pdf, Copyright © The Nobel Foundation 2002)

る。また、「部品リスト」というタイトルで、成虫のすべての体細胞（核）と、発生において基となる重要な細胞のリストが掲載されている。このリストには、各細胞について、機能や属する組織または器官に基づく名前と、系譜を示す系統名、および細胞の機能が記されている。例えば、ADAL細胞の系譜上の系統名はABplapaaaapp、機能は神経環の介在ニューロンである。**図3・16**は、エレガンス線虫の全細胞系譜と成虫における組織、器官の関係を示す、細胞系譜の研究の総まとめというべき図である。この図の中の、AB、P_1、MSなどは、系譜の基となる細胞を示す。

この図の内容も含めて、孵化後および胚での細胞系譜の研究でわかった主な事実は次のようなものである。

① 胚においても孵化後においても、エレガンス線虫の細胞系譜は、個体間のばらつきが少なくほぼ一定である。

② 胚においては雌雄同体、雄ともに全部で671個の細胞が作られ、雌雄同体ではその中の113個、雄では111個が胚発生中に死ぬ。その結果、雌雄同体では孵化時において558個の細胞が存在し、それらは孵化後1〜8回の分裂を続ける細胞と、もう分裂しない、最終的に分化した細胞とに分けられる。生殖巣を除いて雌雄同体の成虫では811個、雄の成虫では971個の体細

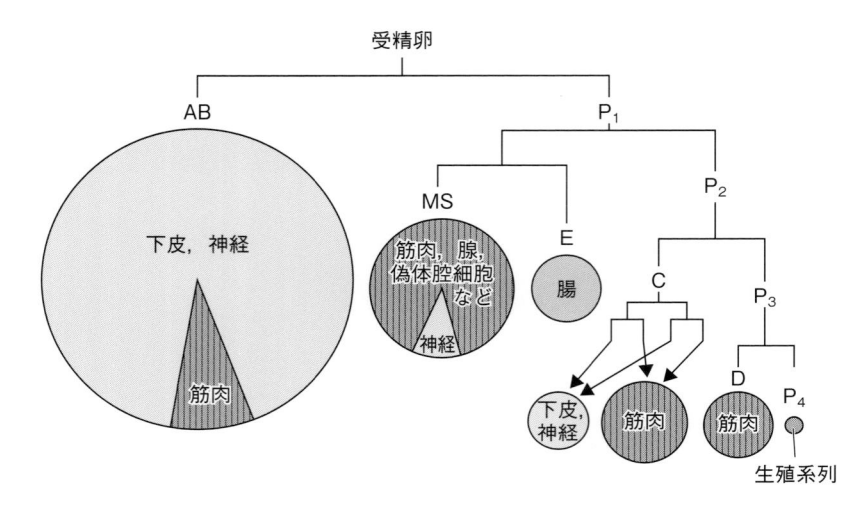

図 3・16　線虫の受精卵から出発する全細胞系譜の概要
Sulston *et al*.: Dev. Biol.（1983）Fig. 9 を参考に作成。

胞核が存在する（後に、生殖巣を含めて成虫の体細胞核総数はそれぞれ 959 個、1031 個であることが確定する）。

③　図 3・16 から、腸は E 系譜のみによって作られることがわかる。しかし、ニューロンは大半が胚の**外胚葉**に相当する AB 系譜に由来するが、一部は**中胚葉**である MS 系譜や、主に筋肉細胞を作る別の C 系譜に由来するなど、複数の系譜から作られる。**下皮**、筋肉などの他の主要な組織も二つまたは四つの系譜に由来する。このように、細胞系譜とそれが作る組織・器官の関係は単純ではない。これは、細胞系譜の解析からわかった重要な結果の一つである。

④　胚の細胞系譜は雌雄同体と雄でほとんど同じであり、孵化直後の両者の形態がほとんど同じことに対応するが、孵化後の系譜はかなり異なる。その結果雌雄同体では卵と精子の両方を作る両性的生殖巣と交尾・産卵のための陰門（**産卵口**）が作られるのに対して、**雄**では精子のみを作る より小型の生殖巣と交尾のためのやや複雑な構造の尾が作られる。雄特有の器官の形

成には、雌雄同体では分裂しない細胞を基とする細胞系譜がいくつか用いられる。なお、雌雄同体、雄ともに、体細胞とは別の多数の生殖細胞をもつが、それらは図3・16のP$_4$系譜に由来する。

⑤　胚の細胞系譜において、多くの細胞が発生運命上定められた死を迎える。この「**プログラムされた死**」（Programmed cell death, PCD）は、図3・14のT系譜にも例があるように、孵化後の細胞系譜ですでに多数見つかっていた。このプログラムされた細胞死は、動物において初めての発見ではないが、それがどの個体でも特定の細胞について、特定の時期に厳密に起こることがわかり、また線虫の遺伝学と結びつき、大きな発展をする（後のホービッツの項参照）という意味で、細胞系譜の研究でわかった重要な結果である。

⑥　レーザー照射による特定の細胞を殺傷する実験により、多くの細胞の系譜が、細胞間の相互作用によらず、**細胞自律的**に決定されていることが示された。

⑦　特定の細胞については、線虫体内で、細胞が大きく移動する例も見いだされた。特に、胚発生においては、図3・15からわかるように、体全体の大きな形態変化が起こり、これに伴って多数の細胞が移動する。これが、胚での細胞系譜の追跡を困難にした大きな理由でもあった。

以上、全体として、細胞系譜がほぼ厳密に一定であること、組織・器官と細胞系譜の関係は複雑ではあるが、細胞の最終的な機能の決定において細胞系譜が非常に重要であるということの二つが重要な結論である。動物一般には細胞系譜は必ずしも厳密ではないことが知られており、それが厳密であることは線虫の特徴といえよう。このことは、細胞数が非常に少ないため、細胞系譜がいい加減だと正常な発生ができないためであると理由づけることができる。

以上の細胞系譜の研究は、ノーベル賞の受賞理由である「器官の発生とプログラム細胞死の遺伝的制御についての発見」について、ブレナーによる線虫の導入や遺伝学の樹立と並んで、その根幹をなすものである。この膨大で

困難であった研究には、前述のとおり一部に他の人の貢献もあるが、サルストンの貢献が圧倒的である。それが非常に短期間に、また徹底的になされていることは驚きである。もともと化学の研究者であったサルストンの非凡な研究能力や忍耐は真に賞賛に値する。

　エレガンス線虫の細胞系譜の研究は1983年頃に終わるが、その後サルストンは、まったく異なる線虫の**ゲノム**（遺伝子）の解析を行う。これには、その後半ウォーターストン（R.Waterston）の率いるアメリカのチームも加わり、1998年にほぼ完成した。この結果、エレガンス線虫のゲノムの大きさは約97 M（メガ）bp（9.7×10^7 塩基対）であり、約19,000の遺伝子があることが明らかとなった。これは、動物あるいは多細胞生物のゲノムが明らかにされた最初の例であった。サルストンは、その後さらにヒトのゲノム解析においても重要な貢献をした。彼は、ノーベル賞受賞講演において、受賞理由とは直接関係の無いこれらのゲノム解析についても語っている。

　また、エレガンス線虫の細胞系譜の研究は最初ブレナーによって計画され、またブレナーの研究室でなされたにも関わらず、その結果を報告する論文のどれにもブレナーが連名となっていない。研究の計画、資金、結果の議論・評価についてブレナーは重要な貢献をしていると推定されるが、おそらく彼が連名になることを辞退したのであろう。ブレナーの貢献と比べてサルストンらの直接的な貢献がずっと大きかったこともその理由であろうが、ブレナーの態度は非常に立派であったと思われる。

3・3　ホービッツの研究：プログラム細胞死の遺伝子と機構

　ホービッツ（H. Robert Horvitz、図3・17）は、1947年生まれのアメリカ人である。彼は、外国人の線虫の研究者の中で、筆者にとって最も親しい人であり、20年以上前から知っている。彼は、九州大学でのかつての筆者の研究室を訪れて、セミナーをしたり、学生と一緒に呼子にイカを食べに行ったりしたこともある。まことに知性的で、また行き届いた人である。研究においては厳しい完璧主義者であり、その研究室では、例外的に優秀な人しか

3・3 ホービッツの研究：プログラム細胞死の遺伝子と機構

採用しないと自他ともに認める人でもある。

筆者の記憶では、彼は、大学学部時代には経済学を学んだと言っていたので、異色の経歴をもつ。しかし、ハーバード大学での大学院では、分子生物学に転じ、有名なワトソンの研究室で研究を行っている。彼は、博士研究員の研究のため、1974年にブレナーの研究室に入り、線虫の研究を始めた。彼は、「虫（線虫のこと）、生と死」と題するノーベル賞受賞講演の中で、「自分の人生の大部分を虫の研究で過ごすなどとはそれまでまったく思ったことが無かった」と述べている。このような経歴から、彼が新しいことに挑戦する意欲の強い人であることが推測できる。

図3・17 ロバート・ホービッツ
（写真：ロイター / アフロ）

ホービッツは、その分子生物学ないし生化学の研究経験から、そのような手法で線虫の研究をするつもりであったであろう。そして、ブレナーの研究室で、前述のサルストンと一緒に研究をすることになったとき、分子生物学とまったく関係の無い、ただ顕微鏡で線虫を観察するだけの研究をサルストンがしているのにホービッツが困惑したとサルストンは書いている。しかし、ホービッツは急速に線虫の細胞系譜の研究にのめり込み、熱心に研究することになる。その研究の中で、すでにサルストンが見つけていたプログラム細胞死の例をホービッツも多数発見し、これがその後の彼の研究の主要な研究テーマの一つになり、またノーベル賞受賞の直接的理由となった。

ホービッツは1978年にアメリカに帰国し、有名な**MIT**（**マサチューセッツ工科大学**）で、線虫の研究を精力的に展開する。その研究テーマは様々であるが、研究の大きな柱は発生と神経・行動であり、発生の具体的テーマが

細胞系譜についての変異体の分離とそれに基づく系譜決定の分子機構の解明であったということができよう。その中で、最も継続して行われ、また大部分がホービッツの研究室で行われたのが**プログラム細胞死**についての研究であった。**図3・18**にエレガンス線虫でのプログラム細胞死の時間経過の例を示す。微分干渉顕微鏡下で、P11.aapと記された正常な細胞核が一時的によりはっきり見えるようになり、約40分後に見えなくなることがわかる。見えなくなるのは、周囲の他の細胞による食作用によって消化されるためである。

また、すでにプログラム細胞死が一般的に起こらない変異体 *nuc-1*、*ced-*

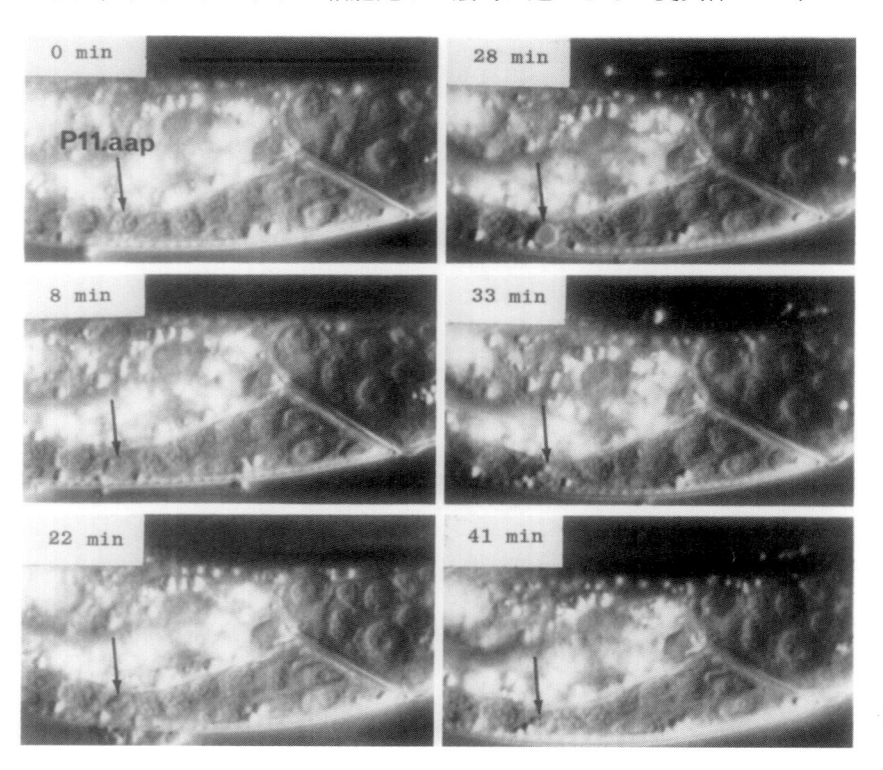

図3・18　エレガンス線虫のプログラム細胞死の時間経過（P11.aap細胞）
Sulston and Horvitz: Dev. Biol.（1977）Fig. 8から転載。

1、ced-2（cedは、cell-death abnormal、細胞死異常の略）がサルストン、**ヘジコック**（E. M. Hedgecock）らにより分離、解析されていた。ホービッツの研究室では、合計4000以上の変異体が分離され、その多くが細胞系譜に関連するものであると受賞講演で述べられている。その中にプログラム細胞死に関連するものも多数あるが、最も重要なものはced-3、ced-9であろう。

図3・19は、**ced-3変異体**において、細胞死が起こらないことを示すものである。この上の図に示すced-1変異体は、死んだ細胞を消化する**食作用**が起きないので、細胞の死骸（矢印で示す）が長く残り、細胞死がわかり易いために細胞死の変異体の分離に利用されている。下の図は、上のced-1変異体に再度突然変異誘導を行って得られたced-1、ced-3二重変異体において、上の図で見えていた細胞の死骸が無く、ced-3変異によって細胞死が起こらなくなることを示している。この後に分離された**ced-9変異体**の原因遺伝子は、逆に細胞死を抑える機能があることがわかった。

このような解析を大規模に続けた結果、エレガンス線虫のプログラム細胞死の経路は**図3・20**のようなものであることが明らかになった（ノーベル賞受賞の2002年時点）。この経路には、このときまでに明らかになっただけで18種類の因子・遺伝子が含まれていて、機構は複雑である。この経路の中で特に重要な因子は、**図3・21**に示す四つであり、これらの因子については、どれも哺乳動物に類似の構造と機能をもつ因子があることがわかっている（図の

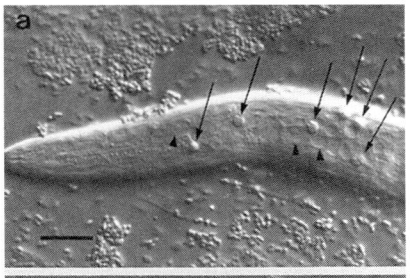

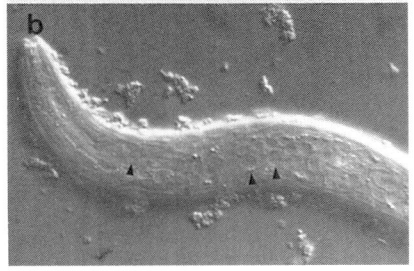

図3・19 プログラム細胞死が起こらない変異体の例（ced-3）
Ellis and Horvitz: Cell (1986) Fig. 1 から転載。

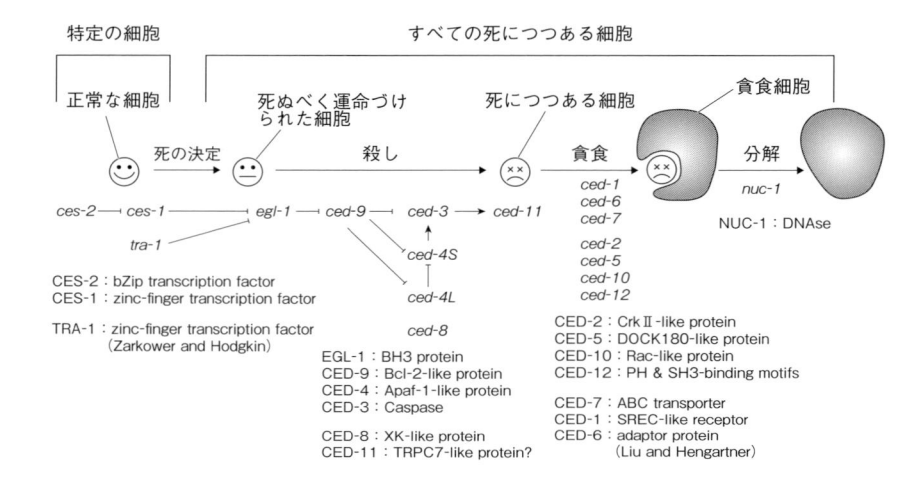

図3·20　エレガンス線虫におけるプログラム細胞死の遺伝子経路
矢印は促進を、—| は阻害を表す。
ホービッツのノーベル賞受賞講演, Fig.19 を参考に作成。
(http://www.nobelprize.org/nobel_prizes/medicine/laureates/2002/horvitz-lecture.pdf, Copyright © The Nobel Foundation 2002)

EGL-1 —| CED-9 —| CED-4 —| CED-3 ➡ 細胞死
（BH3-only）（Bcl-2様）（Apaf-1様）（カスパーゼ）

図3·21　線虫と哺乳動物間のプログラム細胞死の遺伝子経路の共通性
矢印は促進を、—| は阻害を表す。
ホービッツのノーベル賞受賞講演, Fig. 18 を参考に作成。
(http://www.nobelprize.org/nobel_prizes/medicine/laureates/2002/horvitz-lecture.pdf, Copyright © The Nobel Foundation 2002)

下、括弧内に示す）。この中で、**カスパーゼ**はタンパク質分解酵素の一つである。すなわち、哺乳動物において以前から**アポトーシス**という名前で知られていた現象の基本経路が、線虫のプログラム細胞死と共通であることが判明している。哺乳動物での手の指の形成、オタマジャクシがカエルになるときの尾の消滅などがプログラム細胞死あるいはアポトーシスであり、プログ

ラム細胞死が正常な発生に重要であることも知られている。

さらに、多くのヒトの病気がこのアポトーシスの異常によって起こることが現在わかっている。例えば、心臓発作や脳卒中では、血流の不足のため、アポトーシスとは異なる壊死によって多くの細胞が死ぬが、これとは別に細胞の一部はアポトーシスによって死ぬ。また、多くの**がん**ではアポトーシスの調節が異常である。図 3・21 に示されている CED-9 タンパク質の哺乳動物での相同分子である Bcl-2 タンパク質は、ある種のがんで多量生産され、このがん細胞のアポトーシスを起こり難くしている。このような状況により、哺乳動物でのアポトーシスの研究が大きく進み、その分子機構がかなり明らかになってきた。

図 3・22 は、Bcl-2 タンパク質、および線虫の EGL-1 タンパク質の相同分子 BH3 タンパク質の役割を示すものである。この機構により、**ミトコンドリア**から放出された膜間腔タンパク質が線虫の CED-3 の相同分子であるカ

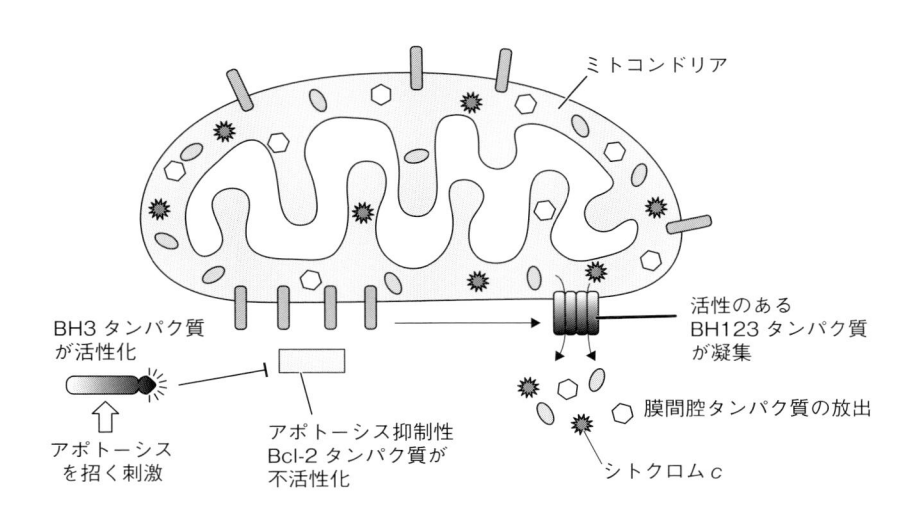

図 3・22 哺乳動物におけるプログラム細胞死における BH3 タンパク質、Bcl-2 タンパク質の役割
『細胞の分子生物学』p1124, Fig. 18-11（B）を参考に作成。

スパーゼというタンパク質分解酵素を活性化し、細胞死を起こすことが明らかとなっている。

　線虫で見つかった現象や**機構**が哺乳動物などの他の動物でも共通である例は比較的少ないが、プログラム細胞死はその例である。そして、プログラム細胞死に関与するいくつかの重要な遺伝子は、線虫で初めて同定され、それがきっかけとなって、ヒトの**アポトーシス**の研究や**病気の原因解明**にも大いに役立ったことになる。このようなことが、ホービッツのノーベル賞受賞の大きな理由であろう。なお、線虫でのプログラム細胞死の研究はその後も進み、プログラム細胞死を起こすべき細胞を決める機構も明らかになりつつある。

第4章

遺伝子の働きを抑える新しい方法 (RNA干渉) の発見
2006年ノーベル生理学・医学賞受賞のファイアとメロの研究

　ファイア (Andrew Z. Fire) とメロ (Craig C. Mello) は、「RNA干渉 (RNA interference)、または2本鎖RNAによる遺伝子発現の抑制、の発見」の業績により、2006年にノーベル生理学・医学賞を授与された。彼らはどちらも、このときまで長年エレガンス線虫の研究をしてきた人たちであり、2人の率いるグループの共同研究の成果が授賞の対象であった。この章では彼らの研究について述べる。

4・1　ファイアとメロの生い立ち

　ファイア (**図4・1**) は、1959年にアメリカで生まれたアメリカ人である。彼はカリフォルニア大学バークレー校に入学し、そこで数学を専攻し、1978年に卒業した (19歳)。その後MIT (**マサチューセッツ工科大学、図4・2**) の生物学専攻の大学院に入学し、1983年に「アデノウイルスの試験管内転写の研究」により、博士の学位を取得した。4年間での博士の取得は、少なくとも生物関係では早い方である。

図4・1　アンドリュー・ファイア
(写真：AFLO)

第4章 遺伝子の働きを抑える新しい方法（RNA 干渉）の発見

図4・2 MIT のシンボルであるドーム
（写真：共同通信）

彼はその後3年間、ブレナーのいる、英国ケンブリッジ大学の分子生物学研究所で線虫の研究を行った。前章で記したように、MIT にはホービッツの研究室があり、その影響があったのかも知れない。この分子生物学研究所で、ファイアは、それまで複数の人たちによって試みられながら未だ実用にはほど遠い段階にあった、線虫の**形質転換**（DNA を導入し、そこに含まれる遺伝子を発現させること）の方法を確立するという、線虫の研究者の間で有名な業績を挙げた（A. Fire, 1986）。彼は、その後 1986 年から、アメリカのカーネギー研究所発生学部門（メリーランド州ボルチモア）の研究員となり、2003 年までの 17 年間線虫の研究を続け、ノーベル賞の対象となった研究もここで生まれた。

メロ（**図4・3**）もアメリカ人であり、1960 年に生まれた。彼は、ブラウン大学で生化学と分子生物学を学んだ。その後、1982 年にコロラド州立大学（コロラド州ボウルダー）の分子・細胞・発生生物学の大学院に進み、**ハーシュ**（D. Hirsh）の研究室でエレガンス線虫の研究を始めた。その研究テーマは、ファイアがイギリスでめざしたものと重なっていて、線虫での形質転換とその機構に関するものであった。しかしこの年にハーシュが企業に転職

図4・3 クレイグ・メロ
（写真：AFLO）

することになり、またハーシュ研究室での研究の直接的指導者であったスティンチコム（D. Stinchcomb）がハーバード大学で新しい研究室をつくることになったので、メロもハーバード大学に移り、研究を続けた。この結果は、1991年に論文発表され、先に書いたファイアの論文と並んで、形質転換の具体的な技術情報として線虫の研究者に必須のものとなった（C. Mello *et al.*, 1991）。筆者の研究室もその例であり、筆者はこれら二つの論文を細部まで読んでいる。メロは、その後しばらく別の研究室でエレガンスの研究をした後、1994年にマサチューセッツ大学に自分の研究室をもち、授賞の対象となる研究をファイアと共同で行うことになる。

4・2　線虫の形質転換

　エレガンス線虫の**形質転換**、すなわちDNAの導入と導入されたDNAからの遺伝子発現および子孫への伝達、はこのようにファイアとメロの共通の研究テーマであった。これがノーベル賞を受賞する研究のきっかけでもあり、また線虫の研究全体にとっても重要な技術なので、ここで少し解説しよう。まず、図4・4に、形質転換のためにDNAを注入する雌雄同体線虫の器官である**生殖巣**を示す。生殖巣は左右対称であり、この図はその左半分を示し、この右側に対称な構造が続いている。この図で上側に描かれている生殖巣の

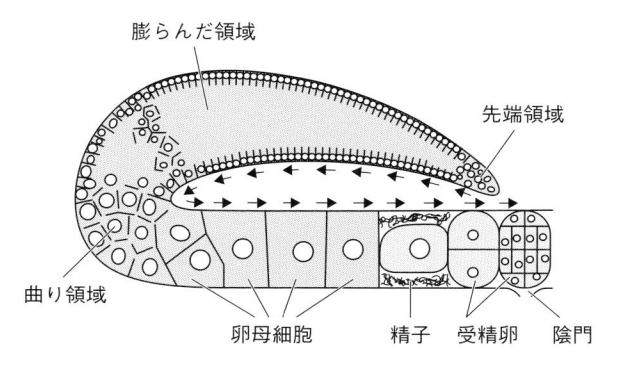

図4・4　DNAを注入する線虫の部位である生殖巣の図
Fire: EMBO J.（1986）Fig. 2を参考に作成。

先端に近い部分（図では、膨らんだ領域と書かれている）は、大部分の体積を占める中央の細胞質と、周辺に多数ある減数分裂前期の、生殖細胞になる予定の核とからなっている。

　これらの核はその後、減数分裂が進むに従って矢印に沿って生殖巣の中央方向に移動し、**卵母細胞**または**精子**を作る。ついで、卵母細胞は、精子の集まる精巣を通過するときに受精し、受精卵となる。**陰門（産卵口）**の上の部分は発生中の胚がある場所（子宮）であり、受精卵はここに移動する。この図の子宮には、2細胞および10細胞くらいの二つの胚しかないが、成熟の進んだ雌雄同体では多数の胚がここにあり、発生の進んだ**胚**はやがて陰門から**卵**として産み落とされる。この卵から生まれた子供の線虫が注入された遺伝子を受け継ぐことにより、その性質（表現型）が予想されるような変化をしていれば、形質転換が成功したことになる。ファイアの先駆的な研究に続いて形質転換の技術を完成したといえるメロらの研究により、多核細胞体の細胞質の部分にDNAを注入した場合が最も形質転換の効率が高いことがわかった。

　図4・5は、形質転換のためのDNA溶液の注入実験を示すものである。この図では、**図4・4**とは対称な、生殖巣の右半分に注入を行っている。上の図①は、生殖巣の先端に近い膨らんだ領域に注入のためのガラスの針を差し込んだところを示す。下の図②は、圧力をかけて注入を開始して1,2秒後に、注入された液が生殖巣の下側にある卵母細胞のある領域にまでひろがったことを示している。この図から、細胞質部分に注入されたDNA溶液は急速に左右に広がることがわかる。多核細胞体中の生殖細胞原核が卵母細胞および精子になるまでに、注入されたDNAを高い効率で取り込むと考えられる。

　DNAを注入する場所は、上に述べたように、単一の細胞ではなく、ずっと大きな多核細胞体なので、注入は比較的容易である。なお、注入されるDNA溶液の量は1回あたり数十pL（ピコリットル）という微量であり、多量のDNAは必要ではない。また、後にRNAを注入する場合には、その効果は子供の線虫よりも、注入された個体で見る方が確実であり、注入する場

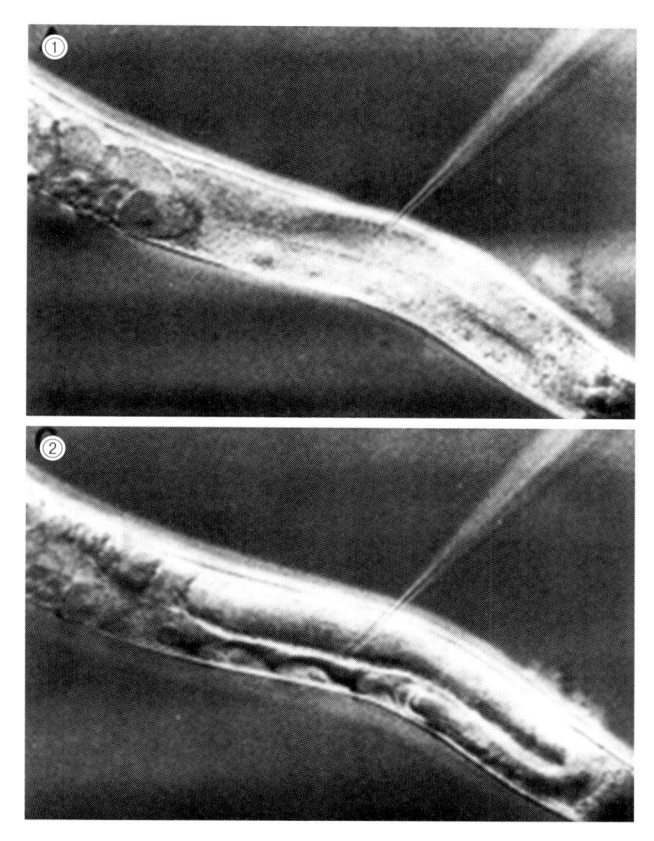

図4・5 線虫へのDNA注入実験の写真
Mello *et al*.: EMBO J. **10**, 3960（1991）, Fig. 1A, C より転載。

所については、DNA、RNAともに生殖巣だけでなく、**偽体腔**、腸などでも効果があることがわかる。

4・3 RNA干渉の発見

　ノーベル賞の授賞の対象となった研究の最も重要な論文は、1998年に発表された、RNA干渉の発見を報告するNature誌の論文である（参考文献リスト参照）。この論文の筆頭著者はファイアであり、彼を含めてそのグルー

プの研究者4人とメロおよびメロのグループのもう1人の研究者の計6人の連名で発表されている。2人のノーベル賞受賞講演の内容およびこの論文の著者の順序や構成から、RNA干渉の発見がメロではなく、ファイアが中心であったことは明らかである。そこで、ここでは、ファイアの受賞講演および上の論文に基づいて、この発見の経緯およびRNA干渉の研究のその後の発展について述べよう。

　ファイアは、先に述べたように、1986年に**カーネギー研究所**に移ったが、そこで行った研究の大きな目的は線虫の遺伝子発現の機構の解明であり、具体的に行った主なことは、線虫での遺伝子発現のための**ベクター**として用いる種々の**プラスミド**（この場合、大腸菌の中で増殖する環状DNA）を作製することであった。数十種類という非常に多数のプラスミドが精力的に作製され、筆者も含めて、多くの線虫の研究者がそれらを利用させてもらっている。このような研究は、もちろん自身の研究を行うためでもあったろうが、前述の形質転換の技術とともに、線虫の研究者皆に役立つことも目的であったと思われる。エレガンス線虫の研究者仲間では、できるだけ情報も技術も公開・交換し、それによって全体の研究を促進しようという考えと伝統が確かにあった。

　さて、このようなプラスミドベクターを使ってファイアが行った研究の一つは、当時いろいろな生物で発見・利用されていたアンチセンス核酸の線虫での効果の研究であった。**アンチセンス核酸**とは、RNA、1本鎖DNA、合成された1本鎖の核酸類似分子などであり、発現を抑えたいと思う標的遺伝子のメッセンジャーRNAと相補的な配列をもつものである。これが標的のメッセンジャーRNAと2本鎖を作ると、その翻訳を阻害すると考えられていた（**図4・6**）。ファイアたちは、線虫のある特定の遺伝子を**プロモーター**（転写開始信号配列）に対して逆向きにつないだプラスミドを作製して、線虫の体内でアンチセンスRNAを発現させたところ、生体が本来もつその遺伝子の発現が抑えられた。アンチセンスRNAがメッセンジャーRNAの翻訳を阻害するとすれば、これは予想のとおりであったが、科学の実験において、

4・3 RNA 干渉の発見

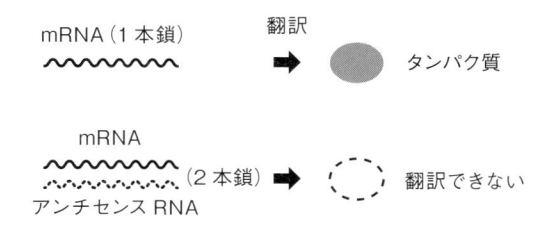

```
mRNA（1本鎖）  翻訳
～～～～～   ➡   ●   タンパク質

     mRNA
   ～～～～
   ～～～～（2本鎖）➡  ( )  翻訳できない
   アンチセンスRNA
```

図 4・6　アンチセンス RNA による遺伝子発現抑制効果

確かな結論を得るためには、何らかの対照となる実験が重要である。

この場合、重要な対照実験は、上のようなアンチセンス核酸についての考えに基づくと抑制がまったく起こらないと予想される、アンチセンス核酸と相補的な、すなわちメッセンジャー RNA と同じ配列（**センス鎖**）を発現させる実験であった。大変意外なことに、この実験でも、アンチセンス核酸を発現させたときとほぼ同じ程度に生体内遺伝子の発現抑制が起きてしまった。このことは当時（1990 年頃）まったく説明ができず、謎として残っていた。同様な現象は他の研究室でも見られていたが、これが、RNA 干渉発見の重要な契機となる。

ファイアの受賞講演によると、彼がこの問題を本格的に研究する直接的なきっかけとなったのは、1997 年 6 月にアメリカで開かれた**エレガンス線虫の国際会議**であったという。この会議は 2 年に 1 回開かれ、筆者はこの年も含めて 10 回くらい参加したが、当時恐らく世界中から 2000 人くらいの研究者が集まる大きな学会であった。

この学会の一部として、メロが主催した、RNA による遺伝子発現の抑制についての会議が開かれ、関連した発表や討論がなされた。このときには、遺伝子 DNA を導入してアンチセンス RNA を発現させる研究から進んで、直接 RNA 分子を注入することによっても、注入された線虫において対応する遺伝子の発現が抑制されることが示されていた。この会議に出席したファイアは、**RNA による遺伝子発現の抑制**の機構を研究することを決意した。また、RNA による抑制効果が比較的長く続くこと、普通の RNA（1 本鎖）

が不安定ですぐ分解されるのに対して、2本鎖のRNAはずっと安定であることから、抑制の鍵分子は**2本鎖のRNA**である可能性があると考えた。

　ファイアたちは、この会議の後まず、他のグループが行っていた、RNAの注入による対応する遺伝子発現の抑制を自分たちの手で確かめるための実験を行った。そのために、彼らは、発現抑制の効果が短時間で確実にわかるようにするため、対象とする遺伝子として*unc-22*という筋肉系の遺伝子を選んだ。生体内のこの遺伝子の発現が抑えられると、線虫の移動運動が異常になり、特有の体の震えを起こす。この*unc-22*遺伝子のアンチセンスRNA、およびセンスRNAをそれぞれ試験管内転写反応によって作製し、線虫に注射したところ、予想のとおり、注入された線虫の多数が震えるようになり、*unc-22*遺伝子の発現がどちらによっても抑えられることを確認することができた。

　ここから先に研究を進めるために彼らが行ったことは、分子生物学あるいは生化学の常道的な実験、すなわちこれらRNAを分析し、分子としてどのようなものであるかを調べることであった。そのために、彼らは実験に使ったアンチセンスRNA、センスRNAを**ゲル電気泳動**で分析してみた。その結果、どちらも単一の分子ではまったくなく、いくつもの分子を含んでいることがわかった（**図4・7**）。これらの中で最も多い分子は、その電気泳動での振る舞いからも、予想される大きさをもつ1本鎖RNAであると推定された。しかし、この電気泳動によって精製された、すなわち純度の高いアンチセンスRNA、センスRNAともに、*unc-22*遺伝子発現を抑制する活性がほとんど無いことがわかった。これは最初の重要な発見であった。

　試験管内での転写反応の異常により、2本鎖のRNAがいくらか合成されることが知られていたし、1本鎖として合成されたRNAが分解され、分解された小さいRNA分子の中に互いに比較的長い塩基対合をするものがあれば、2本鎖のRNAが生じる可能性もあった。先に書いたように、ファイアは遺伝子発現を抑制するRNAの本体は2本鎖である可能性を考えていたので、精製したアンチセンスRNAとセンスRNAを混ぜ合わせ、加熱して2

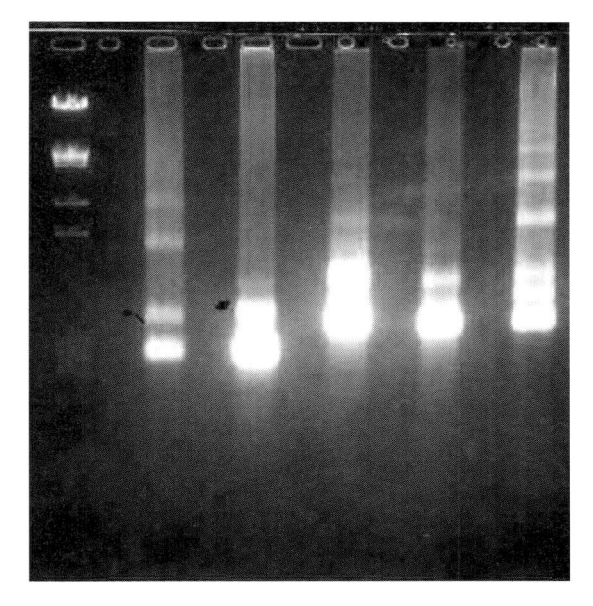

図4・7 センスRNAおよびアンチセンスRNAの電気泳動による分析
試験管内での転写によって作製したそれぞれのRNA（未精製）をアガロースゲル内で電気泳動し、ゲル中のエチジウムブロミドによる蛍光により、RNAを可視化して写真撮影したもの。一番左のレーンは大きさの目印であるDNA断片を、他のレーンは試験管内転写したいくつかのRNA試料を示す。各レーンの一番下の濃いバンドが予想した全長の1本鎖RNAと推定される。ファイアのノーベル賞講演のFig. 3より転載。
(http://www.nobelprize.org/nobel_prizes/medicine/laureates/2006/fire_lecture.pdf, Copyright ⓒ The Nobel Foundation 2006)

本鎖RNAを作製して注入する実験を行った。すると、この「2本鎖RNA」は、アンチセンスRNAよりもずっと強い*unc-22*遺伝子発現抑制効果をもつことがわかった。**2本鎖RNAは未精製1本鎖RNAの1/100くらいの少量で同じ**くらいの効果を示し、線虫の細胞一つあたり最低数分子でも抑制効果があることが明らかとなった。これらの結果をまとめると**表4・1**のようになる。
　いわゆるアンチセンスRNA、センスRNAによって遺伝子発現の抑制が起こったのは、実はどちらの試料の中にも少量、同じくらい含まれていた2本

表 4・1　RNA による遺伝子発現の抑制効果

RNA		遺伝子発現抑制効果
アンチセンス RNA	未精製	有り
同	精製	ほとんど無し
センス RNA	未精製	有り
同	精製	ほとんど無し
精製したアンチセンス RNA とセンス RNA から作製した 2 本鎖 RNA		有り，未精製のアンチセンス RNA またはセンス RNA の約 100 倍

鎖の RNA によるものであったと考えられる。また、unc-22 遺伝子発現の抑制は、2 本鎖 RNA を注入された線虫だけでなく、生まれた子供の線虫でも強く見られた。これは、2 本鎖 RNA そのものか親の体内での遺伝子発現の抑制の効果のいずれかが子供に伝わったためと考えられる。これが、RNA 干渉の発見の中核となる、最も重要な結果であった。

　しかし、これで研究が完成した訳ではなく、他の科学者を納得させるような論文を発表するためには、少なくとも次のような 3 種類の実験が必要である。第一に、彼らが見つけたこの効果が unc-22 遺伝子に特異的であること（効果の**特異性**）を確かめること。もし特異的でなく、他の遺伝子にも影響があれば、この発見の価値はあまりない。第 2 に、unc-22 遺伝子以外の他の遺伝子でも、対応する 2 本鎖 RNA によって同じ現象が起こること（現象の線虫での**一般性**）を示すこと。もし一般性がなく、unc-22 遺伝子だけに見られる現象ならば、多分重要な発見ではない。第 3 に、この現象の起こる理由あるいは**仕組み**は何かを、ある程度明らかにすること、である。

　ファイアは、以上のような結果や考えに基づき、研究の計画を立てるとともに、この大問題の解決には他のグループの協力が必要だと考えたようである。そして、以前に書いたように、今までの自分の研究歴に似た経歴をもち、またこの問題に関連した研究を行っているメロと共同で研究することにした。二つの研究室の協力により、約 3 か月後の夏の終わりには、ほぼ論文発表のめどが立ったとファイアは述べている。すなわち、上に書いた現象の特

異性 (1) については、様々な方法により厳密に証明された。線虫での一般性 (2) については、他の四つの遺伝子でも、対応する 2 本鎖 RNA の注入によって同様な発現の抑制が起こり、精製した 1 本鎖 RNA では起こらないことが充分証明された。理由 (3) については、対応するメッセンジャー RNA の減少または消滅、恐らく分解であることが示された。

この (3) についての結果は**図 4・8** に示すようなものである。この実験では、右側の *in situ probe* と書かれている 1 本鎖核酸による線虫の胚試料の**ハイブリダイゼイション**（2 種類の 1 本鎖核酸による 2 本鎖核酸の生成反応）により、*mex-3* という遺伝子のメッセンジャー RNA (mRNA) の検出を行っている。左側の対照（control）の胚では、*mex-3* の mRNA が高濃度に検出された（濃い色で示される）のに対して、この mRNA の配列をもつ 2 本鎖 RNA (dsRNA) の胚への注入により、*mex-3* メッセンジャー RNA がほとんど検出されなくなったこと（右側）がわかる。

こうして、翌 1998 年の初めには、「線虫における、2 本鎖 RNA による強力で特異的な遺伝的干渉」と題する彼ら共著の論文が Nature 誌に発表された。ここで発見された現象を、メロは **RNA 干渉**（RNA interference または RNAi）と名づけ、以後そう呼ばれるようになる。この論文では、遺伝子発

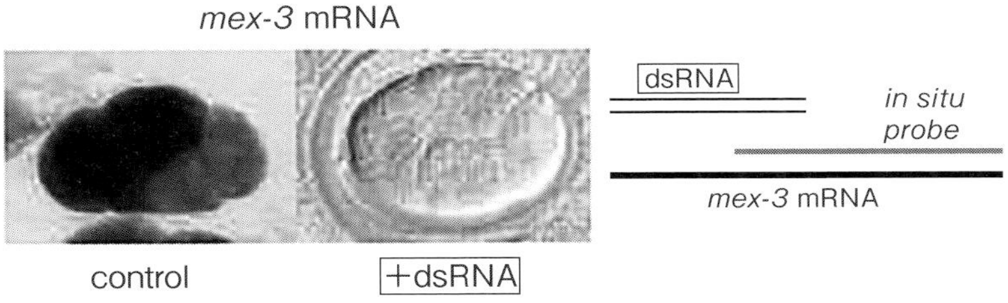

図 4・8　2 本鎖 RNA (dsRNA) の注入による *mex-3* メッセンジャー RNA (mRNA) の消失
ファイアのノーベル賞受賞講演 Fig. 5 より転載。
(http://www.nobelprize.org/nobel_prizes/medicine/laureates/2006/fire_lecture.pdf, Copyright © The Nobel Foundation 2006)

現の抑制が、それが起こる一つの細胞あたり、少ない場合では数分子の2本鎖RNAで起こり、その数は、その細胞に存在する標的メッセンジャーRNAの数より少ないらしいので、2本鎖RNAのもつ信号が何らかの機構で増幅されることを予測している。これも興味深いことである。

4・4　RNA干渉の意義と研究の発展

　このRNA干渉は、まさにエレガンス線虫で初めて発見された現象であり、その当時これが線虫だけに見られる変わった現象なのか、他の生物にもあるものなのか、すなわち現象の生物界での一般性は不明であった。筆者は、こんな変な、すなわち予想し難い現象は線虫特異的なものではないかと感じた。線虫特異的であっても、新しい、面白い現象であるのは確かであるが、生物界共通であればその重要性はずっと高いものになる。また、この現象の生物における役割、存在意義は何かということも謎であった。

　これらの疑問の答えは、発見から10年以上たった現在かなり明らかとなっている。簡単にいうと**RNA干渉**は生物界でかなり普遍的に存在する現象であり、その意義は、**ウイルスの感染**や、ゲノムがもつ**トランスポゾン**などのその生物にとってやや有害な遺伝子の発現を抑えることらしいと考えられている。RNA干渉の発見の後に活発に行われた、これら、およびもう一つの重要な問題であるRNA干渉の分子機構についての研究の概要について次に述べよう。

　まずRNA干渉または類似の現象の生物界での広がりであるが、実は線虫でのRNA干渉の発見以前から、植物では類似の機構による現象がいくつか報告されていた。それは、植物に導入された遺伝子によって、この遺伝子とは塩基配列について関連の無いウイルスの感染に対する抵抗性が誘導されること、逆にウイルス由来のRNAによって植物本来の遺伝子発現が抑えられることなど、**非特異的な遺伝子発現の抑制**と考えられる現象であった。

　RNA干渉の線虫での発見の後には、すぐにショウジョウバエ、単細胞真核生物のトリパノソーマ、および植物において、線虫とよく似た2本鎖

RNAによる特異的な遺伝子発現阻害が報告された。哺乳動物においては、植物と似た、2本鎖RNAによる非特異的な遺伝子発現の抑制が広く見られるが、その他に特異的なRNA干渉も見いだされた。このように、RNA干渉またはこれによく似た現象は生物界に普遍的であることが次第に明らかになり、それに伴って**RNA干渉の分子機構**が活発に研究されるようになった。

エレガンス線虫においても活発に研究が続けられたが、分子機構の解明における線虫の大きな寄与は、その遺伝学の利用、すなわちRNA干渉が起こらない変異体の分離を通じて、RNA干渉に関与する遺伝子を同定することであった。線虫で遺伝子が同定されると、他の生物でも相同な遺伝子やその産物であるタンパク質が調べられる。ショウジョウバエおよび哺乳動物由来の抽出液により、試験管内RNA干渉反応系も作られ、分子機構の解明に大きな力を発揮した。

このようにして、現在では多くの生物に普遍的なRNA干渉の分子機構の骨格（図4・9に示す）が明らかになっている。この機構では、まず**RDE4タンパク質**が2本鎖RNAを認識して結合し、そこに**ダイサー**と呼ばれる2本鎖RNA特異的分解酵素が結合して、2本鎖RNAを21塩基対前後の長さに切断する。切断された2本鎖RNAは、スライサーと呼ばれる因子（図に示されていない）により、片方の鎖が分解され、**1本鎖RNA**となる。これに**RISC**（RNA-induced silencing complex）と呼ぶタンパク質複合体が結合する。ついで、この1本鎖RNAとRISCの複合体が、1本鎖RNAと相補性をもつ標的メッセンジャーRNAに結合し、分解する。ここに関与する因子の中で、RDE4、ダイサーであるDCR-1、RISCの成分であるRDE-1は線虫で初めて同定されたと思われる。このRISCの構成成分は**アルゴノート**と呼ばれる、生物界に広く存在するタンパク質のグループに属している。

線虫においては、先に述べたように、RNA干渉を誘導する2本鎖RNAのもつ信号が増幅されることが予測されたが、それが確認され、その機構も明らかにされているが、専門的なのでここでは述べない。

線虫でのRNA干渉の発見が予想し難いものであった理由の一つは、用い

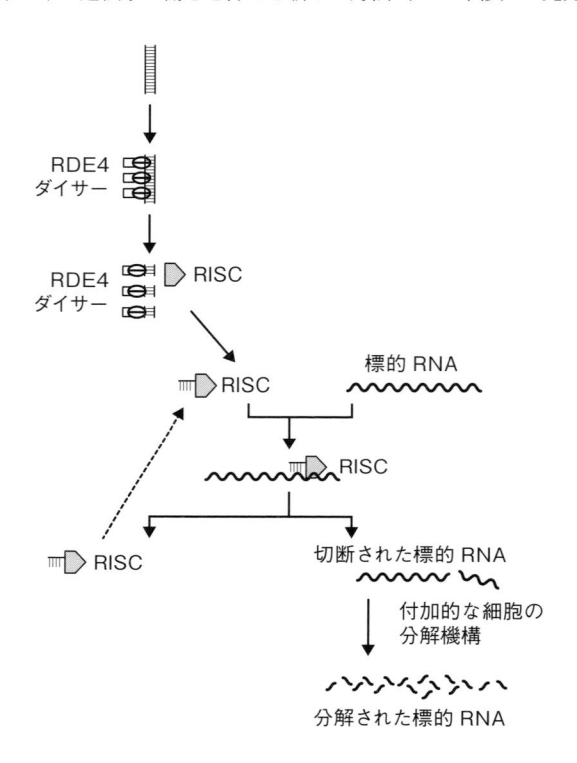

図 4・9 RNA 干渉の基本的な分子機構
ファイアのノーベル賞受賞講演 Fig. 9 を参考に作成。
(http://www.nobelprize.org/nobel_prizes/medicine/
laureates/2006/fire_lecture.pdf, Copyright ⓒ The Nobel
Foundation 2006)

られた高分子の 2 本鎖 RNA が細胞に取り込まれることがそれまでの常識に反するものであったことである。RNA に限らず、高分子の物質はほとんど細胞に取り込まれないと考えられていたし、今でも一般的にはそうである。しかし、ある種の細菌での形質転換では通常の条件で確かに DNA が取り込まれるし、哺乳動物の腸や多くの細胞でタンパク質を取り込む機構があることもわかってきた。高分子の RNA を取り込む例は、あまりわかっていなかったと思われるが、線虫の多くの細胞は確かに高い効率で 2 本鎖 RNA を取り

込むことができる。**2本鎖RNA**は、生殖巣、偽体腔、腸などの線虫の部位に注入されたとき、いずれも標的遺伝子の発現するいろいろな細胞でRNA干渉を引き起こすことは、このことを示している。

さらにエレガンスでは、単に2本鎖RNAを含む溶液に線虫をしばらく漬けること（soaking）によっても、また2本鎖RNAを発現している大腸菌をエサとして食べさせること（feeding）によっても**RNA干渉**を起こすことができる。これは驚くべきことであり、線虫でRNA干渉を起こすのに便利な方法として利用されているが、線虫が2本鎖RNAを効率よく取り込むためにRNA干渉が発見され易かったことを示唆している。エレガンス線虫では、大部分の遺伝子について2本鎖RNAを発現する大腸菌の集団（**ライブラリー**）が作られ、それぞれをエサとして与えてRNA干渉を起こすものを探すことにより、遺伝子の機能を網羅的に調べることができる。ショウジョウバエでは、各遺伝子に対応する2本鎖RNAを発現するハエのライブラリーが作られ、同様な目的に使われている。

RNA干渉の生物一般での役割について、最もわかり易いのはウイルスに対する**感染防御**、すなわち免疫である。RNAウイルスについては、多くのゲノムは1本鎖であるが、その複製のときに2本鎖となる。また、DNAウイルスの感染でも、多量のウイルスのメッセンジャーRNAが作られると、2本鎖のRNAもある程度生じる（その一つの理由は、ウイルス遺伝子の構造の特殊性であろう）。いずれにしても長い2本鎖RNA分子は、正常な状態の細胞にはほとんど存在しないので、異常な事態の信号となり、その対策としてRNA干渉が起こり、ウイルスのメッセンジャーRNAの分解によって感染を防ぐと考えられる。

また、すべての生物のゲノムの中には、「**トランスポゾン（転移因子）**」と呼ばれる多数の塩基配列（遺伝因子）が存在する。これらは、起源があまりよくわからないが、本来ゲノムの中を飛び移り、移った場所にあった遺伝子の活性を無くしたりする、生物にとってやや有害な、「利己的な」遺伝因子であり、ウイルスに似ている。現在ゲノムの中に存在しているトランスポゾ

ンの多くは飛び移る活性は無くしているが、遺伝子発現をある程度している。トランスポゾンは、ゲノム中のいろいろな場所にあって、周囲のDNAの塩基配列により、どちらの向きにも転写される。そのため、トランスポゾンの遺伝子の発現が多くなると、トランスポゾンの転移に必要な酵素がたくさん作られて一部のトランスポゾンが飛び回り、生物が困る一方、トランスポゾン由来の2本鎖RNAが多くなる。これを解決するために、トランスポゾン由来の2本鎖RNAによって、トランスポゾンから転写されるRNAを分解するのが生物にとってのRNA干渉の大事な役割の一つと考えられる。

RNA干渉の発見をきっかけとして、RNAに関する研究が世界的に活発に行われ、これと類似の、あるいは関連する現象が次々に発見されてきた。現在、RNA干渉の重要な中間体である20塩基余りの小さいRNAは、一般的にsiRNA（short interference RNA）と呼ばれ、他の生物でのいろいろな現象に関与している。また、タンパク質をコードしていない数百〜数千塩基のRNAが各種生物に多種類見つかり、これからより低分子のmiRNA（micro RNA）が作られ、アンチセンスRNAとして遺伝子発現の特異的抑制を行う例が多数見つかってきた。これらはまとめて、**RNAサイレンシング**とも呼ばれる。関連する研究は他にも非常に多岐にわたり、現在RNAは今までに無いほど活発な研究分野となっている。

「RNA干渉の発見」がノーベル賞を受賞した理由は、RNA干渉が新しく、生物界で普遍的な現象であること、遺伝子発現を抑制する効果的な手段として広く生物学の研究に利用できること、ウイルス感染・**がんの治療**などの医学的利用の可能性があること、の三つであろう。

4・5　線虫の利点と幸運にめぐまれた受賞

次に、なぜ線虫の研究がノーベル賞を受賞したかというこの本のタイトルの問いに関連して、RNA干渉の発見がエレガンス線虫で最初になされた理由、発見に役立った線虫の利点を考えてみよう。

①　エレガンス線虫ではRNAやDNAの導入が容易であること。DNAの

導入は、注入を行う線虫の子供の形質転換のためにするので、生殖原細胞のある生殖巣に行うが、注入の部位として大きな多核細胞体が利用できるので比較的容易である。RNA の注入は線虫体内ならどこでもよさそうだが、RNA 溶液に浸す、あるいは RNA を発現する大腸菌を食べさせるだけでも導入できることは大変便利である。これらは、ブレナーが最初に予想したエレガンス線虫の性質とは特に関係ないものであり、偶然の幸運というべきである。

② RNA 干渉の効果が迅速にわかること。ファイアが最初に *unc-22* 遺伝子で調べたときには、注入された線虫そのものの顕微鏡観察で効果（体の震え）がわかるので、注入をした次の日には結果が明らかであった。これは、いろいろな変異体や遺伝子が利用できる線虫の一般的な利点に基づく。子供に対する効果も 3、4 日後には調べられる。これはエレガンス線虫の世代時間が約 3 日と大変短いもう一つの利点のためである。

③ エレガンス線虫では、RNA の細胞への取り込みが非常に効率よく起こること。このことは①、②の理由の一つでもあるが、予想されなかった幸運であろう。

④ RNA による遺伝子発現の抑制や調節は、生物界全体においては、遺伝子の構造、転写、スプライシングなどの RNA プロセシング、翻訳、局在化、クロマチン（染色体）構造などあらゆる段階で起き得ることが現在知られている。これに対して、エレガンス線虫では、RNA 干渉、すなわち 2 本鎖 RNA による**メッセンジャー RNA の分解**が主に起きるため、RNA 干渉の研究が容易であったと考えられる。ファイアが述べているように、これも幸運である。

⑤ 変異体の分離やそれに基づく遺伝子の同定が比較的容易にできること。これも、線虫の一般的な利点であるが、最初の RNA 干渉の発見に続く機構の研究に主に役立った。

これらの線虫の特性や幸運と相まって、多数の遺伝子のそれぞれを含むベクタープラスミドの構築についてのファイアたちの熟練した技術が、3 か月

程度という驚異的な短期間でRNA干渉の発見を確立できた重要な人的要因である。

筆者は、1975年から78年まで、カーネギー研究所発生学部門で研究員として研究を行った経歴をもつ。ファイアは、滞在時期は重なっていないが、同じこの研究所で授賞対象の研究を行った人である。また、彼は同じ線虫の研究仲間で、筆者と個人的な接触もある人物である。彼は非常に優秀な人物であるという評判を以前から聞いていたし、プラスミドベクターの構築の仕事から緻密で精力的な研究ぶりに感心していた。RNA干渉の発見は、そういうファイアの優秀さと幸運の賜物であろう。

上に書いたような線虫の予期しなかった特性も幸運であったが、RNA干渉の発見に至る研究を始めたとき、まだ数か月間分の**研究グラント**（申請して得た研究費）が残っていたこと、RNAの合成と線虫への注入の両方に熟練したフー（S. Xu）という人が研究室にいたことが幸運だったとファイアは述べている。そして、ファイアは非常に謙虚な人でもある。RNA干渉の発見のしばらく後で、日本のある財団が毎年授賞を行っている賞金5千万円という権威ある賞に推薦することを筆者が申し出たとき、彼は遠慮したので、結局推薦しなかったという経緯がある。そのすぐ後で、彼はノーベル賞を受賞することになったのである。

第 5 章

生きたまま特定のタンパク質や細胞を見る方法とは？
2008 年ノーベル化学賞受賞のチャルフィーらの GFP の研究

　2008 年のノーベル化学賞は、「緑色蛍光タンパク質（GFP）の発見と発展」の業績により、下村 脩、チャルフィー（Martin Chalfie）、チェン（Roger Y. Tsien）の 3 氏に与えられた。緑色蛍光タンパク質は以後 GFP（Green Fluorescent Protein の略）と呼ぶが、遺伝子発現およびタンパク質の存在部位を示す目印（標識）として現在非常に頻繁に使われ、生物学に技術的革命を起こした分子（タンパク質）である。この分子は、下村博士が以前に発見し、線虫の研究者であるチャルフィー博士が上のような目的のために生きた生物の中で利用できることを最初に示し、チェン博士は異なる蛍光を出す様々な分子を GFP から作り出して利用を発展させた。3 人の中で、この本の主題である線虫に直接関係するのはチャルフィー氏のみであり、その発見の経緯はドラマとして真に面白いが、研究としては互いに関連が深いので、他の 2 人についても述べる。特に下村博士の研究経歴や日本での生い立ちは大変興味深く、やや詳しく述べる。

5・1　下村 脩博士の研究

　下村博士（**図 5・1**）は、40 年以上アメリカで研究を続けているが、日本で生まれ育った人である。1928 年（昭和 3 年）生まれなので、受賞時 80 歳の高齢であった。博士の生い立ちは複雑である。以下の経歴は、博士の自伝『クラゲに学ぶ－ノーベル賞への道－』（参考文献リスト掲載）およびノーベル賞に関する財団のウェブサイトに詳しい。生まれたのは京都府の福知山で

図5・1　下村　脩博士
（写真：共同通信社）

あるが、祖母のいた長崎県佐世保、軍人の父の任地であった満州（現在の中国東北部）、佐世保、大阪と転々とする。2度目の佐世保在住では、母は満州に行ったためおらず、厳格な祖母に育てられた。

1941年佐世保の中学に入学するが、すぐに大阪に移り、戦争の状況悪化に伴う米軍の空襲を避けるため、中学4年時の1944年に母とともに長崎県諫早の母の実家に移った。その年の9月、諫早の中学校に転校するが、登校初日に国民総動員令に基づき、長崎県大村の海軍航空廠（軍用飛行機の研究、製造、修理などを行う機関）に学徒動員されることを告げられる。その後下村は航空廠の寄宿舎に寝泊まりし、そこで働いた。学校の授業はまったく無かった。そして、10月に航空廠は大空襲により壊滅し、寄宿舎も焼けた。下村は負傷しなかったが、仲間には死傷者も出た。

その後しばらく、学徒動員が続き、彼は木造の工場で零戦（有名な海軍のゼロ式艦上戦闘機）の修理をさせられたりした。1945年（昭和20年）3月には、4年に短縮された中学を卒業したことになったが、卒業式も証書もなかったという。その年の8月9日、長崎に原爆が投下されるが、下村は爆心地から15キロほど離れた動員先の工場で、原爆投下に向かう爆撃機を見た後、爆発による閃光や爆風を経験している。後に彼の妻となる大久保明美は9歳であったが、長崎市の爆心から3キロの地点で被爆し、軽い怪我をしている。下村の生涯の最初の18年間は、日本の戦争に文字どおり翻弄された日々であった。

1947年、下村は、諫早市にあった長崎医科大学附属薬学専門部（略称長崎薬専）に入学する。長崎薬専は、戦争中まで長崎医科大学とともに長崎市にあったが、原爆によって壊滅し、この時期に諫早にあった。粗末な木造校舎しかなく、設備も貧弱であり、先生のレベルも低かったと述べられている。在学中、下村は化学の実験に興味をもつようになる。この諫早には、現在下村のノーベル賞受賞を記念する碑が立てられている。彼は1951年、長崎薬専を首席（1位）の成績で卒業した。卒業と同時に、長崎薬専は新制**長崎大学薬学部**となった。下村は安永教授の主催する分析教室の助手（実験実習指導員）となり、長崎市に移り住む。

　4年後、安永先生の計らいにより、下村は1年間内地留学できることとなった。彼は先生に連れられて**名古屋大学**に行ったが、紹介してもらう予定であった生化学の江上不二夫教授は不在であった。2人は先生のもう一人の同郷の知り合いである**平田義正**教授にあいさつによったが、平田教授は「私のところにいらっしゃい」と下村を誘った。これがきっかけとなり、下村は1年間平田研究室に留学することになった。

　この偶然によって、下村の生涯にわたる研究テーマが生物発光に決まることになる。人の運命はまことに不思議なものである。安永先生は平田教授の予期しない申し出に困惑し、下村に「どうする？」と聞いたが、下村はこれが天の指図のように感じて平田研究室に行くことを決めたと書いている。ちなみに、江上不二夫教授は有名であり、その後東京大学理学部の教授となられ、筆者は生物化学科の学生時代に教えを受け、よく知っている方である。

　平田義正教授は、天然物有機化学者であったが、若くまだ教授になったばかりであった。他方、下村はほとんどまったく有機化学を知らなかった。とにかく、1955年4月から、下村は名古屋大学理学部の研究生となり、平田研究室で研究を行うことになった。そこで平田教授に与えられた研究テーマは、ウミホタルの発光物質である**ルシフェリン**を精製（純粋な物質として取り出すこと）することであった。**ウミホタル**（図5・2）は、節足動物 甲殻類に属する2 mmくらいの大きさの生物であり、日本の沿岸に多い。このウ

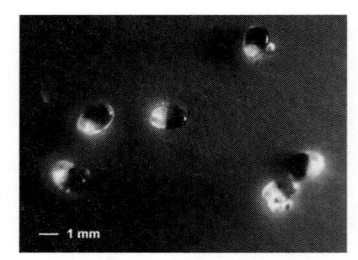

図5・2 採取した新鮮なウミホタルを暗い所に置いた写真
下村博士のノーベル賞受賞講演 Fig. 1より転載。
(http://www.nobelprize.org/nobel_prizes/chemistry/laureates/2008/shimomura_lecture.pdf, Copyright © The Nobel Foundation 2008)

ミホタルの発光は、ホタルなど他の多くの生物発光と同じように、ルシフェリンという物質が**ルシフェラーゼ**という酵素の作用を受けて起こることがわかっていた。しかし、ルシフェリンは非常に不安定であり、米国プリンストン大学のハーベイ教授の研究室で20年以上その精製が試みられているのに、未だ成功していなかった。

下村の研究テーマは、乾燥したウミホタルを材料として、ルシフェリンを精製し、精製されたことをその結晶を作ることによって証明するという、特に有機化学の経験のない下村にとって、大変な困難が予想されるものであった。精製する目的は、ルシフェリンの分子構造の決定である。平田教授のこのテーマの提案も、下村の受諾の決断も、常識的には無謀であるが、下村の努力により、結果として成功する。これも運命的な出来事であったが、同時に下村の研究者としての優れた能力を示していると思われる。

下村はまず、関連する論文を調べ、ルシフェリンの抽出・精製の基礎として利用できる良い方法を見つけた。そして1か月ほどかけていろいろな予備実験を行い、精製の計画を立てた。ルシフェリンは空気中ではすぐ酸化され、分解してしまうので、空気の代わりに別の気体の中で行う必要があり、下村は水素ガスが最もよいと判断してこれを使うことにしたが、水素は注意深く扱わないと爆発する危険な気体である。

また、結晶化に必要な2～3 mgの精製したルシフェリンを得るためには、材料の乾燥ウミホタルを1回に約500 g使う必要があると判断した。このような条件でルシフェリンの抽出を行うため、特大の**ソックスレー抽出器**（図5・3）を作ってもらい、下村は500 gの乾燥ウミホタルの粉末と溶媒のメタ

5・1 下村 脩博士の研究

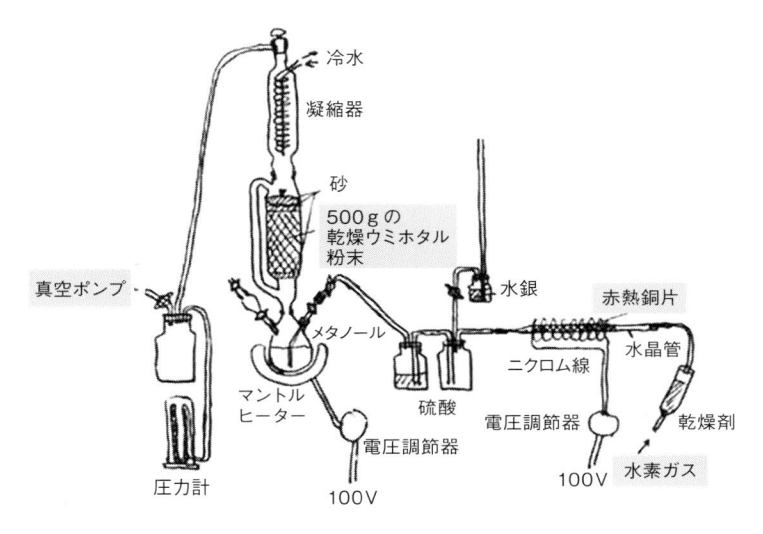

図 5・3 ウミホタルからルシフェリンを抽出するのに用いた装置の図
中央左側が特注の大型ソックスレー抽出器。下村博士のノーベル賞受賞講演 Fig. 2 より転載、翻訳。
(http://www.nobelprize.org/nobel_prizes/chemistry/laureates/2008/shimomura_lecture.pdf, Copyright ⓒ The Nobel Foundation 2008)

ノールを使ってルシフェリンを抽出し、さらに文献記載の方法や新しく追加した**クロマトグラフ**による計3段階の精製を行った。この抽出・精製には5日間のほとんど徹夜の実験が必要であり、大変であった。得られた精製ルシフェリンと思われる標品について、次に吸収スペクトルを調べて、以前に報告されていたものとほぼ同じことを確認した。ここまでが下村の研究テーマの第一段階であり、順調であった。

しかし、彼の研究テーマの第2段階である**ルシフェリンの結晶化**は非常に困難であった。一般に結晶化というのは、適当と考えられる溶媒にその物質をできるだけ濃く溶かし、適当な条件（温度、嫌気性など）で放置して行う。結晶は同一の物質によってのみ作られるので、溶液がやや不純でも結晶化は精製の最終段階となり、もし結晶ができればそれは純度ほぼ100%という純粋さのお墨付きとなる。下村は考えられるあらゆる溶媒や塩類を組み合わせ

た溶液を使い、結晶化を試みたが、結晶はまったくできなかった。その上、せっかく精製したルシフェリンは、いくら注意してもすぐに酸化・分解してしまい、2日後には結晶化には使えなくなってしまう。酸化・分解した試料でも元素分析などの分析には使えるので、そのような分析を行い、また酸化された物質の精製を行ったりした。しかし、結晶化のためにはまたルシフェリンの抽出・精製をする必要があり、1月に一度くらい徹夜の実験を繰り返すことが続いた。

そして、実験開始から約10か月後の56年2月、まったく偶然に結晶ができたと下村は書いている。それは、精製したルシフェリンの残りをアミノ酸分析に使うため、濃塩酸に溶かして一晩室温に放置した次の日の朝見つかった。**図5・4**の写真にあるような針状の結晶で、赤い色であった。溶媒として濃塩酸を使うことは常識からはまったく考えられなかったようであるし、冬、ストーブのない実験室の温度が下がったため結晶ができ易かったのであろうと下村は書いている。いくつもの偶然が重なった幸運である。しかし、下村のたゆまぬ奮闘努力の賜物でもあったであろう。

彼は、この結晶化は偶然の成功とはいえ、外国でできなかった困難なことを経験もない自分がなしとげたので、興奮で夜も眠れないほどであった。また、今まで灰色であった自分の人生に希望が見え、どんな難しいことでも努力すればできるという信念をこのとき得たのが最大の収穫であったと述べている。これが下村の研究者としての原点をなし、その後の人生を切り開く出来事であっ

図5・4　ウミホタルルシフェリンの結晶
下村博士のノーベル賞受賞講演 Fig. 3 より転載。
(http://www.nobelprize.org/nobel_prizes/chemistry/laureates/2008/shimomura_lecture.pdf, Copyright ⓒ The Nobel Foundation 2008)

た。また、後の米国での研究に具体的に役立ったと下村は述べている。この結晶化については、1957年に論文発表された。

ルシフェリンの結晶化の成功により、その化学構造決定の道が開け、下村の名古屋大学での内地留学は1年間延長された。彼はルシフェリン構造の研究を行い、分子の中にトリプトファン、アルギニン、イソロイシンという三つの**アミノ酸**が含まれることなどがわかった。しかし、発光に必要な部分（**発色団**）や全体の構造は不明であった。結局それが解明され、論文発表されるのは結晶化の10年後の1966年である。この論文は平田研究室と後の下村のボスである米国ジョンソン博士の研究室との共著となっており、下村は筆頭著者ではない。**図5・5**は明らかにされたルシフェリンの構造と**発光反応**を示す。**ルシフェリン**は、酸素（O_2）の存在下で酵素**ルシフェラーゼ**の触媒作用により、酸化ルシフェリンと炭酸ガス（CO_2）に変化し、このとき放出されるエネルギーの一部が光となる。

下村は、2年間の名古屋大学での研究を終え、1957年に長崎にもどる。彼は、59年に、長年ルシフェリンの研究を行っていた米国プリンストン大学のハーベイ教授の弟子であり、同じ大学で教授となった**ジョンソン**博士から研究室へ招かれる。この主な理由は下村のルシフェリン結晶化の成功であった。ジョンソンは57年に来日し、初めて生きたウミホタルからルシ

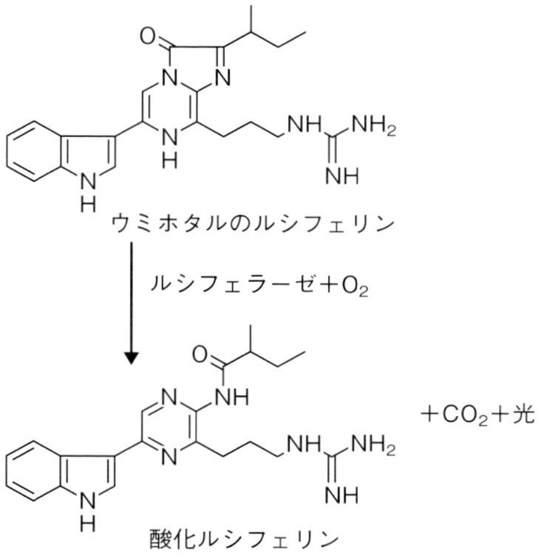

ウミホタルのルシフェリン

ルシフェラーゼ+O_2

酸化ルシフェリン

+CO_2+光

図5・5 ウミホタルルシフェリンの発光機構
下村博士のノーベル賞受賞講演 Fig. 3 を基に作成。
(http://www.nobelprize.org/nobel_prizes/chemistry/laureates/2008/shimomura_lecture.pdf, Copyright ⓒ The Nobel Foundation 2008)

フェリンを抽出する実験をしていた。その方がルシフェリンの含量が多く、抽出に有利なので、以後日本では新鮮なウミホタルを凍結保存したものをルシフェリン精製の材料にするようになる。

　下村は、ジョンソンの招きに応じて翌60年に渡米することを約束する。しかし、旅費の提供を断り、フルブライト資金による奨学旅費を出願した。その面接選考で、彼は英会話がほとんどできなかったと述べているが、4週間の英会話の訓練を受けることを条件にして、選考に合格したのは幸いであった。下村が平田に米国に留学することを報告すると、平田は博士号取得の手続きをとってくれ、下村は博士となる。また、米国留学にパートナーが必要であることを感じた下村は、渡米直前の60年8月に、大久保明美という女性と結婚する。彼女は、長崎大学薬学部の出身で、叔母が紹介した女性であるが、実は大学の薬剤師資格試験の準備コースで下村が指導したことがあり、彼が気に入っていた人であった。

　こうして、ルシフェリンの結晶化という立派な業績と博士号を携え、新婚早々の下村は、1960年（昭和35年）8月末にアメリカへ出発した。下村の32歳の誕生日であったという。渡航は氷川丸という日本の船によるもので、200人以上の**フルブライト留学生**と一緒であり、横浜からシアトルまで13日かかった。この昭和35年は、筆者が大学に入学した年である。

　米国**プリンストン大学**では、ボスの**ジョンソン博士**が下村の研究テーマとして、刺胞動物の1種であるオワンクラゲの発光物質の研究をすることを提案し、下村はあっさり賛成した。ジョンソンは、

図5・6　海の中で群泳するオワンクラゲ
下村博士のノーベル賞受賞講演 Fig.5 より転載。
(http://www.nobelprize.org/nobel_prizes/chemistry/laureates/2008/shimomura_lecture.pdf, Copyright ⓒ The Nobel Foundation 2008)

オワンクラゲ（*Aequorea aequorea*）（図5・6）の光が非常に美しく、またワシントン州の海に非常に多いためにこのテーマの研究を始めることに熱心であった。着いてから1年ほどの間、下村はウミホタルからのルシフェリンやルシフェラーゼの精製を行った。

翌1961年の夏、下村夫妻、ジョンソン、助手の日本人女性斉賀の4人は、オワンクラゲの発光物質の研究のため、米国西海岸ワシントン州の**フライデーハーバー**（図5・7）に行った。プリンストン大学から、車による5000キロの旅であった。フライデーハーバーは静かな湾で、小さな村とワシントン州立大学の実験所があった。当時、この海には、オワンクラゲが非常に多く、容易に岸から網ですくうことができた。

当時の常識では、生物発光はすべてルシフェリンとルシフェラーゼによって起こると考えられていたので、彼らはオワンクラゲが発光する縁の部分（リング、図5・8）を切りとり、これからルシフェリンとルシフェラーゼを抽出することを試みた。しかし、考えられるあらゆる方法を試したが、うまくいかなかった。アイデアがつきた下村は、ルシフェリンとルシフェラーゼのことは忘れて、何でもいいから発光する物質を探すことをジョンソンに提案した。ジョンソンは同意せず、下村は彼らがルシフェリンとルシフェラーゼの抽出を続ける同じ実験台の上で、独立に発光物質を探す試みをする。これは非常に気まずい状態であった。

図5・7　1961年のフライデーハーバーの写真
下村博士のノーベル賞受賞講演 Fig. 4 より転載。
(http://www.nobelprize.org/nobel_prizes/chemistry/laureates/2008/shimomura_lecture.pdf, Copyright © The Nobel Foundation 2008)

下村は、10日間ほど、いろいろな酵素阻害物質を加えて発光物質の抽出を試み、失敗した。そこで、1週間懸命に考え、酸性によって発光反応を可

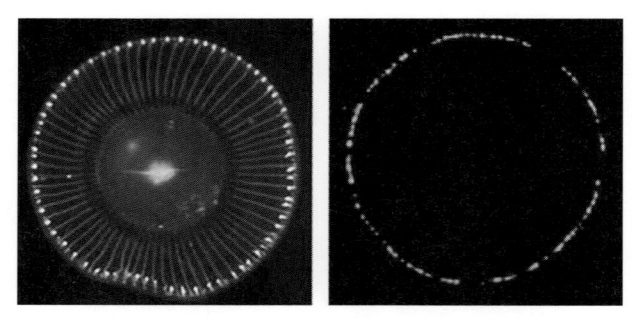

図 5・8 オワンクラゲ（左）とそれを暗室中で光らせたところ（右）
下村博士のノーベル賞受賞講演 Fig. 6 より転載。
(http://www.nobelprize.org/nobel_prizes/chemistry/laureates/2008/shimomura_lecture.pdf, Copyright ⓒ The Nobel Foundation 2008)

逆的に抑えて抽出し、その後中性にもどせばまた発光するかも知れないと思いついた。そして、pH4 の溶液で抽出し、中性に戻すと弱く発光することがわかった。下村はその抽出液を流しに捨てたが、直後に流しが強く**青い光**を放つのに驚いた。流しにはそばの水槽から海水があふれてくるので、この発見は海水中に発光を強く促進するものがあることを示唆していた。ジョンソンにこの実験を再現してみせると、彼は驚き、また喜んで、以後はジョンソンの全面的信頼を得たと下村は述べている。

　下村は発光を促進する物質が**カルシウム**であることをすぐに見いだし、それを結合して不活性化する **EDTA**（エチレンジアミン四酢酸）を用いて発光物質を抽出する方法を確立した。実験開始から 1 か月程度でこのような意外な成功、発見ができたことは、下村の研究者としての優秀さを再び示したと思われる。考えられるあらゆる条件を用いて実験し、うまくいかなければ発想を切り替える、そしてそれでもうまくいかなければ懸命にその原因や対策を考える。このどの面でも優秀であり、また実験と思考のよいバランスにより、あまり無駄なく研究を進める能力があるように筆者には感じられる。

　下村の開発した方法により、彼らはその夏に 1 万匹のオワンクラゲから発

光する物質を抽出し、プリンストン大学に帰ってから下村が中心となって発光物質を精製した。得られたのは 2～3 mg のタンパク質であり、**イクオリン**（aequorin）と名づけられた。また、この精製中に非常に少量の、明るい緑色に光る別のタンパク質を見つけ、精製した。これを彼らは緑色タンパク質と呼んだが、これが後の GFP である。イクオリンは世界で初めての**発光タンパク質**であり、1961 年に下村、ジョンソン、斉賀の 3 人連名の論文により発表された。これは下村の二つめの大きな研究業績である。

　下村はその後、他の発光生物の研究もしたが、渡米 3 年後の 1963 年に日本に帰国し、名古屋大学水質科学研究施設の助教授となった。35 歳の異例の若さであった。しかし、彼はイクオリンの発光機構を解明したかったのに、日本ではそれが不可能と考え、2 年後にプリンストン大学のジョンソン研究室に戻ることになる。名古屋大学にとどまれば数年後に多分教授になることが約束されていた下村にとって、これは危険なかけであり、いろいろな意味で一大決心のいることであった。筆者は、自分のやりたい研究をやることを優先するという意味で、彼は筋金入りの研究者だと感じる。

　イクオリンは、その後**カルシウムのセンサー**あるいはプローブとして生物学の研究に非常に有用であることがわかる。これを背景として、ジョンソン研究室に戻った下村は、イクオリンの発光機構を明らかにするため、直接関与する部分（発色団、または発光団）の同定と構造決定をめざした。これには大量のイクオリンが必要であったため、5 年以上を要したが、発光分子である**セレンテラジン**（coelenterazine）の構造と**イクオリンの発光機構**が明らかにされ、1972 年、74 年に発表された。**図 5・9** にこれらを示す。図のように、イクオリンのタンパク質成分であるアポイクオリンが、酸素の存在下でセレンテラジンと共有結合してイクオリンとなり、さらにカルシウムがイクオリンに結合すると青色蛍光物質セレンテラミドと炭酸ガス（CO_2）が放出され、このとき発光が起こる。セレンテラジンの構造の中央にある窒素 3 原子と酸素を含む二つの環からなる構造が、ウミホタルのルシフェリンの構造（**図 5・5**）と共通なのは意外でまた興味深い発見であった。

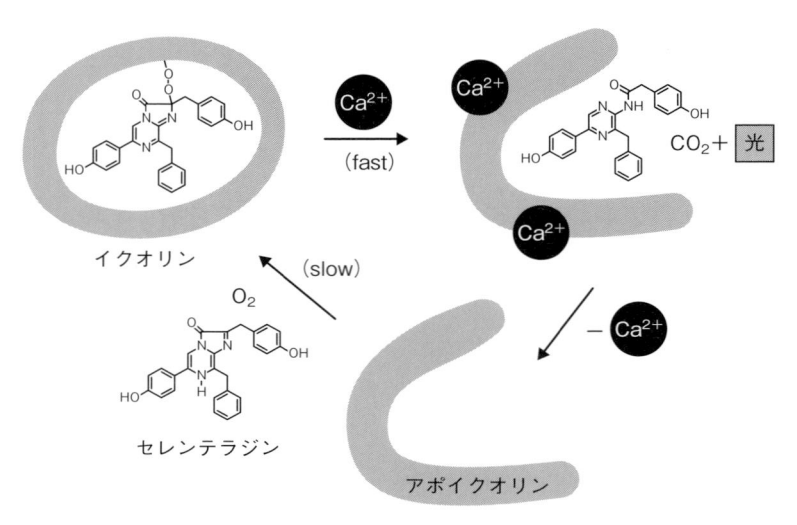

図 5・9 イクオリンの発光機構
下村博士のノーベル賞受賞講演 Fig. 13 を基に作成。
(http://www.nobelprize.org/nobel_prizes/chemistry/laureates/2008/shimomura_lecture.pdf, Copyright ⓒ The Nobel Foundation 2008)

　この章の主題である GFP は、先に述べたように、下村によってイクオリンとともに見いだされ、精製されていた（1961 年）。その役割は、イクオリンの出す強い、青い光を吸収して、そのエネルギーをより波長の長い緑色の光として放出することであることがジョンソン研究室で示された（1974 年）。このような発光は**蛍光**と呼ばれ、青色光による刺激が無くなると、すぐに発光が止まる。これに対してイクオリンやルシフェリンによる発光は、発光に必要な条件があるかぎり長く続くものであり、燐光と呼ばれる。ホタルの光は暗闇で光るので、その名に反して蛍光でなく**燐光**であるが、発光に ATP が必要であり、その供給によって点滅がコントロールされている。

　GFP は容易に結晶となった（**図 5・10 左**）が、オワンクラゲの中にはごく微量しか無く、発色団などの解析のためには、精製した GFP を長年にわたって少しずつ蓄えなければならなかった。こうして得られた 100 mg の GFP を用い、酵素による分解とクロマトグラフィーによる精製により、約 0.1

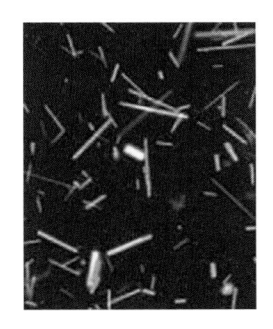

図 5・10　GFP の結晶（左）、および GFP からの発色団の精製法（右）
下村博士のノーベル賞受賞講演 Fig. 14 より転載およびこれを参考に作成。
(http://www.nobelprize.org/nobel_prizes/chemistry/laureates/2008/shimomura_lecture.pdf, Copyright ⓒ The Nobel Foundation 2008)

mg の発光能力をもつ分子（ペプチド）が得られた（**図 5・10 右**）。これを調べることにより、**GFP の発色団**は**図 5・11** に示すものであることがわかった。すなわち、GFP の発色団は、タンパク質の一部分である三つのアミノ酸から作られ、ルシフェリンやセレンテラジンというタンパク質以外の分子を必要とするウミホタルやイクオリンの発光とまったく異なる新しいものであった（1979 年）。後に GFP は全部で 238 個のアミノ酸からなり、発色団を作

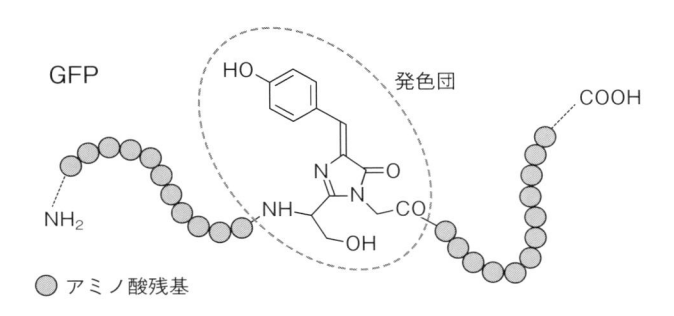

図 5・11　GFP の蛍光発色団
下村博士のノーベル賞受賞講演 Fig. 15 を基に作成。
(http://www.nobelprize.org/nobel_prizes/chemistry/laureates/2008/shimomura_lecture.pdf, Copyright ⓒ The Nobel Foundation 2008)

るのは 65 番目の**セリン**、66 番目の**チロシン**、67 番目のグリシンであることが示される。発色団は、GFP の自己触媒作用により、このセリンとグリシンの**環状化**によって形成される。

　この結果は、予想外の驚くべきものであり、GFP の遺伝子を導入することによって、生きた生物の中で蛍光による発光ができる可能性を示した。ルシフェラーゼやイクオリンを遺伝子導入によって発現させても、発光のためにはルシフェリンまたはセレンテラジンを発光部位に届ける必要があり、生きた個体では困難である。GFP およびその発光機構の発見は、下村の三番目の大きな発見であり、これがノーベル賞受賞の直接的理由となる。しかし、ルシフェリンやイクオリンの研究が、GFP の発見といろいろな面で関係が深いのは興味深い。

　下村はノーベル賞受賞の 2 年前に、やはり GFP の発見を理由として、日本の**朝日賞**を受賞している。彼はこれを素直に喜んだようである。しかし、2008 年 10 月に突然ストックホルムからの電話でノーベル賞の授与を聞いたとき、「厄介なことになったと思った。受賞すれば大嫌いなマスコミの標的となり、その応対で多分私の実験科学者としての人生は終わるであろう」と自伝に述べている。下村はしかし、もし辞退すれば日本人にひどく非難されるだろうと思って、賞を受けざるを得ないと決めた。これは本音のようであり、筆者は、下村が世間的な名誉欲のようなものが無い、珍しい人だと思った。

　彼がとまどった理由の一つは、ノーベル賞でも生理学・医学賞ではなく、化学賞であったことのようである。下村がめざしたのは生物発光の機構の解明であるが、実際に彼が行ったのは化学あるいは生化学の研究であったし、タンパク質や核酸の構造解析のように生物学上非常に重要な研究にもしばしば化学賞が授与されているので、化学賞の受賞はあり得ることであった。もし 2008 年に化学賞を受賞しなければ、いずれ生理学・医学賞を受賞したであろう。

　下村は、自伝の中で、「私の生涯は概して**幸運**であった。幸運の最大のものはノーベル賞受賞であろう。しかし、その受賞が私に幸せをもたらしたと

はまだ思えない。(中略) イクオリンと GFP の発見は、私の 3 人の師の導き、数々の偶然のできごと、人々の好意や援助、それにサイエンスの進歩、特に遺伝子学の進歩、さらに私自身の存在と努力、などいろいろの事柄すべての総合的結果として起きたのであり、それらの事柄がわずかでも違っていたら、イクオリンと GFP は現在知られていないであろう。GFP の発見は天(自然)が人類に与えた奇跡的な幸運である。その幸運は、GFP が私の前に現われたとき、私がそれを見過ごさずに拾い上げたから起きたのである。」と述べている。味わい深い言葉である。

5・2　チャルフィーの研究

チャルフィー(Martin Chalfie)博士は、外国人の線虫研究者の中で、前に述べたホービッツについで筆者にとって親しい人である。20 年ほど前に、当時の九州大学の筆者の研究室にきたこともある。図 5・12 に写真を示す。彼の生い立ちはノーベル賞のウェブサイトに非常に詳しく書かれているが、そのあらましを記そう(以下敬称略)。チャルフィーはアメリカ人であり、1947 年アメリカのシカゴで生まれた。受賞時 61 歳である。彼の父方の祖父母はロシアからの移民であり、母方の祖父はロシアで生まれ、直後にその両親に連れられてアメリカに渡った。チャルフィーの父はギター奏者となり、ラジオ局に勤めた。母は、その祖父母が起こした衣服メーカーで働き、チャルフィーの子供時代にはその経営の責任者であった。

チャルフィーは 1965 年に**ハーバード大学**に入学し、生化学を専攻

図 5・12　マーティン・チャルフィー
(写真：ロイター＝共同)

した。69年に卒業したとき、彼にははっきりした将来計画がなく、しばらく高校教師などの職を転々とする。1972年、チャルフィーはハーバード大学大学院の生理学部門に入学し、パールマン（R. Perlman）の下で、神経伝達物質である**カテコールアミン**（ドーパミン、ノルアドレナリン、アドレナリン）の合成と分泌の研究を行い、76年に博士の学位を得た。その後、高校の同級生で友たちであったホービッツに会ったが、彼はその当時イギリスのブレナーの研究室でエレガンス線虫の研究をしていた。これがきっかけとなり、チャルフィーは1977年にホービッツと同じ英国ケンブリッジ大学分子生物学研究所の博士研究員となった。チャルフィーは最初、線虫で神経伝達物質の研究をするつもりであったが、サルストンが以前に見つけていた**機械的刺激（接触）**に非感受性の変異体の研究をすることになった。彼は1982年にアメリカにもどり、以来ずっとコロンビア大学でエレガンス線虫の機械的刺激についての感覚や神経の研究を続けている。

　チャルフィーがGFPを知ったのは、1989年に聞いた生物発光についてのセミナーであったという。当時エレガンスでは、特定のタンパク質の体内での存在部位を調べるために二つの方法が使われていた。一つはそのタンパク

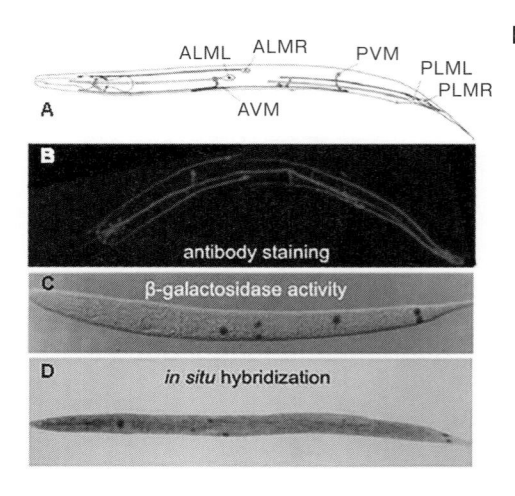

図5・13　遺伝子発現を可視化するために用いられていた方法
(A) エレガンス線虫の六つの接触感覚ニューロンを示す。(B) β-チュブリン（MEC-7）に対する抗体による染色。(C) *mec-9* 遺伝子と β-ガラクトシダーゼ遺伝子の融合遺伝子を発現させ、その活性染色を行ったもの。(D) *mec-7* 遺伝子mRNAの *in situ* hybridiztionによる検出。チャルフィーのノーベル賞受賞講演のFig. 2より転載。
(http://www.nobelprize.org/nobel_prizes/chemistry/laureates/2008/chalfie_lecture.pdf, Copyright ⓒ The Nobel Foundation 2008)

5・2 チャルフィーの研究

質に対する特異抗体を用いるいわゆる**抗体染色**であり、もう一つはタンパク質の遺伝子を大腸菌の*β*-**ガラクトシダーゼ**の遺伝子と融合させ、それを導入した線虫について*β*-ガラクトシダーゼの活性染色をする方法であった(**図5・13B、C**)。ともによい方法ではあるが、共通の最大の問題点は生きた状態では使えないことであり、また抗体染色には抗体の作製が必要であった。チャルフィーは、セミナーを聞いている途中で、線虫での**タンパク質の標識**に使えるのではないかと考え、非常に興奮したと述べている。

彼はすぐGFPについて調べ、ウッズホール海洋研究所の**プラッシャー**（D. Prasher、**図5・14左上**）がGFPの**cDNAのクローニング**（遺伝子操作によ

図5・14　チャルフィーのGFPの研究に協力した人たち
チャルフィーのノーベル賞受賞講演のFig.4より転載。
(http://www.nobelprize.org/nobel_prizes/chemistry/laureates/2008/chalfie_lecture.pdf, Copyright ⓒ The Nobel Foundation 2008)

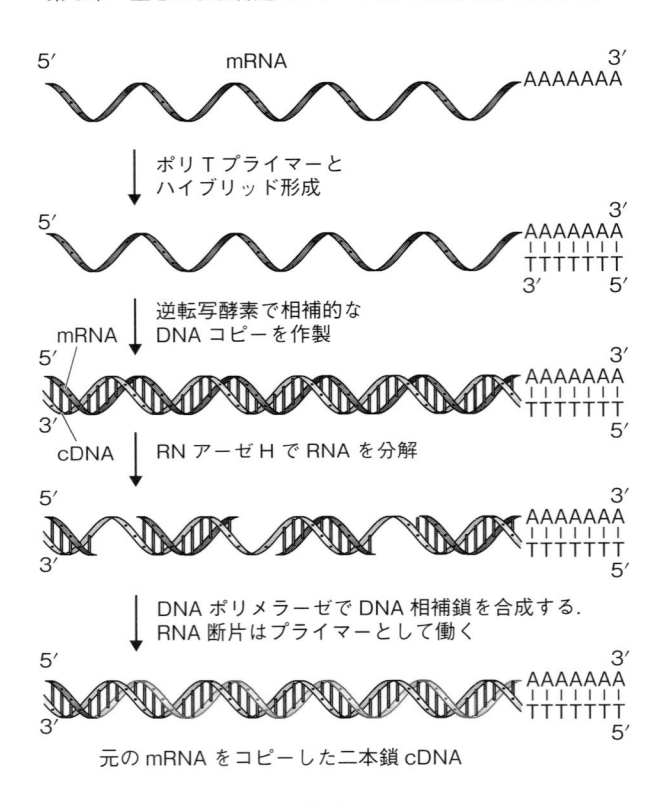

図 5・15 cDNA の作製方法
『細胞の分子生物学』の Fig. 8-43 を参考に作成。

り、純粋に分離、増幅すること）をしていることを知った。GFP の cDNA とは、オワンクラゲのメッセンジャー RNA から出発して、**逆転写酵素**などによる試験管内反応で作製した 2 本鎖 DNA のことであり（図 5・15）、その塩基配列の決定によって GFP のアミノ酸配列がわかり、またそれを他の生物に導入すれば GFP を発現できる、GFP の利用の鍵となる分子である。チャルフィーは早速プラッシャーに電話し、クローニングができ次第、GFP の発現について共同研究することに相談がまとまった。

しかし、チャルフィーはその年に結婚し、妻のいるユタ大学にしばらく共

同研究に行くことになった。この間にプラッシャーの cDNA クローニングは終わり、彼はコロンビア大学のチャルフィーに電話したが、チャルフィーは不在で連絡がとれなかった。チャルフィーはそのことを知らないままコロンビア大学に戻り、1992 年の 9 月になって文献検索により、**GFP の cDNA** の論文がプラッシャーらによって半年ほど前に発表されていることを知った。彼は再びプラッシャーに電話し、数日後にプラッシャーから GFP の cDNA をもらった。

　この時点で、この cDNA の塩基配列に基づき、オワンクラゲの GFP の**アミノ酸配列**が決定され、238 個のアミノ酸からなることが示されていた（1992 年のプラッシャーらの論文）。また、GFP の蛍光発色団が、その中の三つのアミノ酸から形成されることも明らかであった。しかし、この発色団の形成はオワンクラゲの中では自然に起こるが、それが酵素などの他の分子を必要とするのか、GFP だけで自己触媒的に起こるかは不明であった。もし前の可能性が正しければ、他の生物で GFP の遺伝子を発現させても蛍光を発することはできないが、後の可能性が正しければ発光が見られるはずである。チャルフィーはこの後の可能性に賭けたわけである。

　プラッシャーから送られてきた GFP の cDNA は、**制限酵素 *Eco*RI** で切断できる形で**ベクター**である**ラムダファージ**のゲノムの中に組み込まれていた。この GFP の cDNA の中には、GFP のアミノ酸配列を指定する配列とともに、GFP のメッセンジャー RNA に含まれるその前後の塩基配列が含まれている。まず大腸菌の中で GFP を発現させようとしたチャルフィーには、その具体的方法について二つの選択枝があった。第一は cDNA を制限酵素 *Eco*RI で切り出して大腸菌での発現用ベクターに組み込む方法であり、第 2 は **PCR**（ポリメラーゼ連鎖反応）によって cDNA 中の GFP のアミノ酸配列を指定する配列（**コード配列**）のみを増幅し、増幅した DNA をベクターに組み込む方法であった。

　PCR 法は、DNA ポリメラーゼ（複製酵素）を使う試験管内の DNA 複製反応を何十回も繰り返すことにより、指定された DNA 配列のみを増幅する

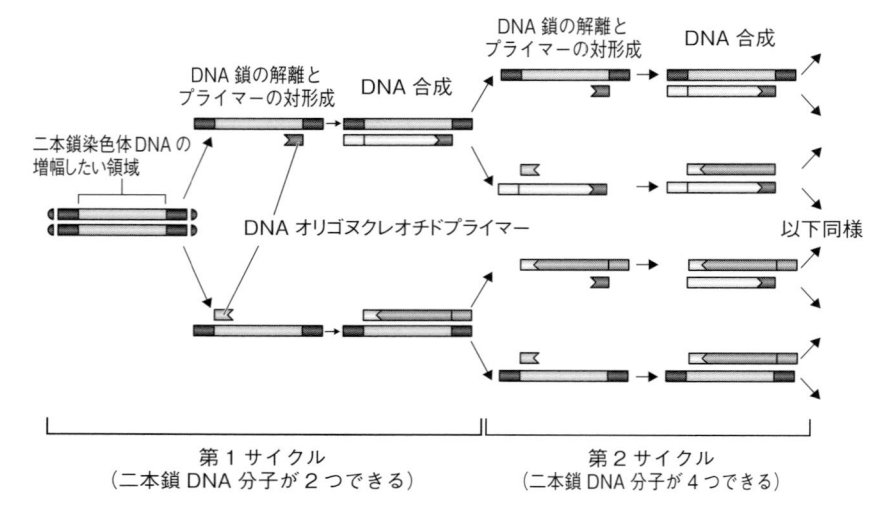

図 5・16　PCR 法
『細胞の分子生物学』の Fig. 8-45 を参考に作成。

ものであり（図 5・16）、当時ようやく利用が広がっていた。第一の方法はより簡単であるが、GFP のアミノ酸を指定する配列以外の余計な配列がもち込まれることになり、そのために GFP の発現がうまくいかない可能性もあった。これに対して、第二の PCR 法では GFP のコード配列のみを取り出せる点が優れているが、試験管内での複製反応を繰り返すため、増幅された DNA に**塩基配列の誤り**がある程度生ずる可能性があった。チャルフィーは第二の PCR 法を使うことにした。

　そして、この方法で GFP の遺伝子を大腸菌に入れることを、研究室めぐりの実習のため偶然チャルフィーの研究室に来ていた女子の大学院生（G. Euskirchen、**図 5・14 右上**）にやらせた。すると、cDNA をもらって 1 か月後に、大腸菌は緑色の**蛍光**を発した。ちなみに、蛍光を出させるためには、より波長の短い励起光（青色光または長波長紫外線）を当てることが必要であり、大腸菌の細胞レベルで蛍光を検出するには**蛍光顕微鏡**が必要である。チャルフィーの研究室には蛍光顕微鏡が無かったので、他の研究室のものを借りた。

とにかく、チャルフィーの期待したとおりの大成功であり、彼らは有頂天になって喜んだ。

チャルフィーは次に、エレガンス線虫にGFPを発現させることを計画し、研究室の技術員（Y. Tu、図5・14左下）にやらせることにした。今度もすぐ成功し、生きたエレガンス線虫がみごとに緑色の蛍光で光った（図5・17）。これは、チャルフィーらが発表したGFPの論文が掲載されているScience誌の表紙を飾った有名な写真であるが、GFPの蛍光がこれらニューロンの細胞体にも軸索などの神経突起にも見られる見事な写真である。この線虫に導入されたGFPのcDNAには、機械感覚に関与しβ-チューブリンをコードする**mec-7遺伝子のプロモーター**（転写開始信号）が結合してあり、期待どおりいくつかの**機械感覚ニューロン**で発現している。

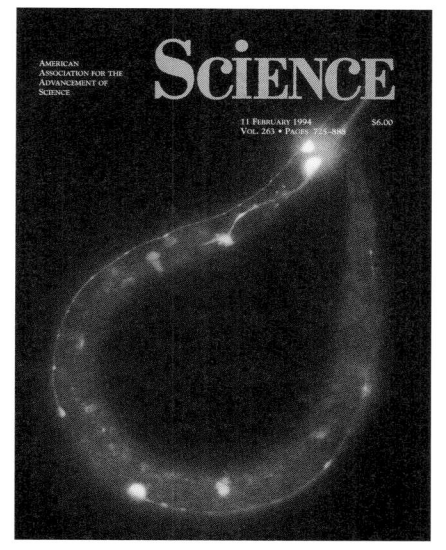

図5・17　エレガンス線虫の機械感覚ニューロンで発現したGFPの蛍光
⇨口絵①参照
1994年2月11日号のScience誌の表紙より転載。

また、この発現パターンは、β-チューブリンに対する抗体やβ-ガラクトシダーゼと mec-7 の**融合遺伝子**によって検出される mec-7 遺伝子の発現パターン（図5・13B、C）と基本的に同じであった。これら二つの実験によって、蛍光タンパク質GFPは単細胞の原核生物である大腸菌で発現するだけでなく、多細胞真核生物においてその転写信号に従って特定の細胞だけで発現させることができること、従って**遺伝子発現の目印（マーカー）**として利用できることが示された。

GFPはまた、特定のタンパク質との**融合タンパク質**として発現させるこ

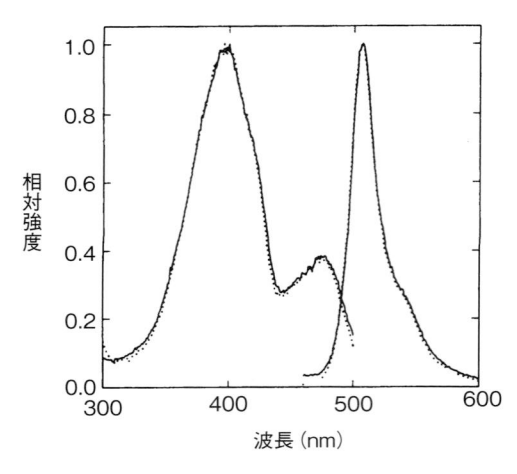

図 5·18 大腸菌で発現した GFP（実線）とオワンクラゲから精製した GFP（点線）の励起光（左）と発光（右）のスペクトル
Chalfie *et al*.: Science **263**, 803, Fig. 2 から転載、翻訳

とにより、その細胞内または組織内での目的とするタンパク質の分布を可視化することができる。これも非常に重要な GFP の利用目的であり、チャルフィーらの 94 年の論文にショウジョウバエや哺乳動物細胞でそれが可能であることを示す論文が引用されている。チャルフィーたちの GFP の論文には図 5·18 に示す結果も掲載されている。これは、大腸菌で発現させた GFP（いわゆる**遺伝子組換えタンパク質**）とオワンクラゲから精製した生物本来の GFP が、まったく同じ光学的機能をもつことを示しており、プラッシャーやチャルフィーが用いた cDNA のクローニングや PCR によるその増幅などに誤りがなかったことを証明する大事な結果である。これを示す実験は、長年このような研究を行ってきた**ウォード**（W. W. Ward、図 5·14 右下）に依頼して行われた。かくして、1994 年 2 月に前述の Science 誌の論文が発表された。この論文の筆頭著者はチャルフィーであり、前に書いたチャルフィーのグループの人 2 人、ウォード、プラッシャーの 5 人の連名で発表されている（参考文献リストに掲載）。

　この論文発表前後から、GFP の遺伝子を送ってくれという請求がチャルフィーのもとに殺到し、短期間で 1500 人以上の人々に送ったとチャルフィーは述べている（筆者もその 1 人である）。その後は、線虫の様々な変異株などを提供しているセンター（CGC）が寄託を受けてその提供を続けた他、企業が GFP を含む種々の**ベクター**を売り出したりするようになり、世界中

5·2 チャルフィーの研究　　93

で非常に多くの研究者がGFPを利用している。その利用は、遺伝子導入が可能なあらゆる生物に広がり、受賞の時点でGFPを利用した論文が3万以上発表されているという。

このようにGFPが短期間で爆発的に利用されるようになったのはなぜだろうか。理由は、以下のようにまとめることができる。① GFPは比較的小さいタンパク質である。②単一の分子（単量体、モノマー）で機能する。③安定である。④紫外線または青色の光（**励起光**）の照射により、高い効率で蛍光を発し、また励起光によって失活し難い。⑤発光のための補助的な分子、発色団の形成のための酵素など、他の物質を必要としない。

これらの性質により、励起光が透過し、また蛍光が検出できる条件がある限り、生きた生物体において遺伝子発現やタンパク質の分布を可視化する目印として使用できる。そのため、細菌・酵母などの単細胞真核生物、線虫・ショウジョウバエなどの小型の生物、動植物培養細胞などで活発に使われている。マウスなどの大型の生物でも、表面に近い部分では使うことができる（図5·19）。

これに対して、GFP以前に広く使われた、β-

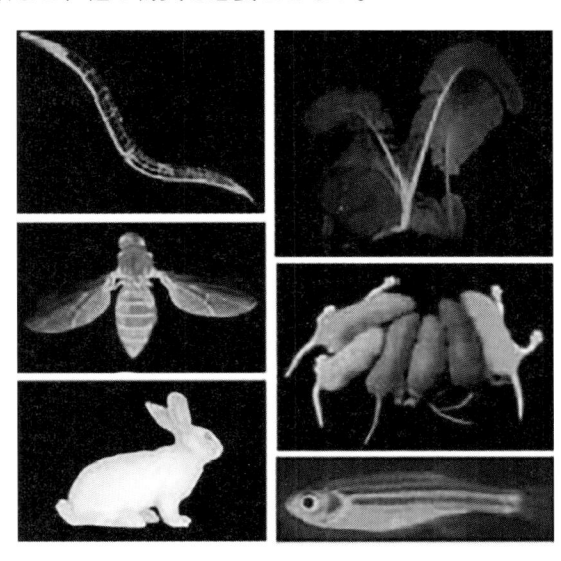

図 5·19　GFPを発現させた各種生物
⇨口絵②参照
線虫（左上）、ショウジョウバエ（左中）、ウサギ（左下）、ナタネ（右上）、マウス（右中）、およびゼブラフィッシュ（右下）。チャルフィーのノーベル賞受賞講演のFig. 10より転載。
(http://www.nobelprize.org/nobel_prizes/chemistry/laureates/2008/chalfie_lecture.pdf, Copyright ⓒ The Nobel Foundation 2008)

ガラクトシダーゼ遺伝子と目的とする遺伝子との融合遺伝子を発現させ、**β-ガラクトシダーゼ**をその活性染色によって検出する方法（**図5・13C**）は、β-ガラクトシダーゼの基質を必要とするため、生きた生物では利用できない。また、β-ガラクトシダーゼは分子量50万ほどの四量体の高分子のため拡散し難く、タンパク質の分布の目印としてあまり優れてはいない。また、GFP以外の発光タンパク質である**ルシフェラーゼ**、**イクオリン**も使われているが、これらはそれぞれルシフェリン、セレンテラジンという物質が発光に必要であり、やはり生体での利用は難しい。

　ノーベル賞授賞対象のチャルフィーの研究にいかに線虫が役立ったかについては、まさにその実験材料としてうってつけであった。エレガンス線虫は小さく、ほとんど透明で、体内のどこでGFPが発現しても、はっきり蛍光を見ることができる。遺伝子が多数同定され、その研究が進んでいたこと、遺伝子導入（形質転換）が容易であることなども役立っている。

　GFPの論文発表は実験開始後1年半ほど後であるが、この論文の中核をなす研究は、チャルフィーらが直接行った大腸菌および線虫でのGFPの発現実験であり、それには合計約2か月しかかかっていない。実質的に2か月の研究がノーベル賞をもたらしたという点で大変**幸運**である。また、前に書いたように、当時研究室に人手が無かったので、チャルフィーは大腸菌を光らせる実験を研究室めぐりの実習にきた院生にやらせた。この実験は誰がやっても一度でうまくいくようなものではないので、この人が実験の上手な注意深い人だったと思われるが、これも幸運であった。

　チャルフィーは、ノーベル賞受賞の翌年、エレガンス線虫の国際会議で、受賞の対象になったGFPの研究の話をし、筆者もそれを聞いて大変面白かった。その話によると、チャルフィーの最大の幸運は、前に述べたように、GFPを発現させるために制限酵素 *Eco*RI で切り出したDNAを使わず、PCR法によりGFPのコード配列のみを使ったこと、そしてそのPCR増幅にたまたま重要な塩基配列の誤りが生じなかったこと、であることがわかる。実は、チャルフィーの実験より前に、他の三つのグループの人たちがプラッシャー

から GFP の cDNA をもらい、*Eco*RI 断片を用いて発現を試みたが、だれも成功しなかったという。後から考えると、*Eco*RI 断片中の GFP のコード配列以外の余分な配列が発現を妨げたと推定される。しかし、この実験をした人たちは、当時 GFP が発色団を形成するためには他の酵素などの因子が必要だろうと考えて、深く追究しなかったらしい。しかし、実際には GFP の発色団は、自発的に形成されることが明らかにされている。また、彼らが発現の実験を試みたときにはまだ PCR 法が一般にあまり使われていなかったため、PCR を使わなかったのではないだろうか。たまたましばらく大学を留守にしていたため、プラッシャーと連絡がとれず、GFP の発現競争に 2 年ほど遅れてチャルフィーが参加したとき、彼は PCR を使うことができた。このように、チャルフィーの成功は、いろいろな偶然が重なった大変な幸運というべきである。

　チャルフィーはまた、他の研究室の蛍光顕微鏡を頻繁に借りることもできないので、買うといってだまして業者から蛍光顕微鏡を借りて使ったとも言っていた。機械も人も無い無い尽くしの状況で、ノーベル賞受賞の、画期的な研究が生まれたのである。考えてみれば、機械、技術、概念がそろった分野で、まったく新しい研究が生まれることは無いであろう。チャルフィーが、このような状況の中で、GFP の遺伝子の発現のみでそれが光ることを発見したことは、科学の歴史として大変面白いことである。

　この発見の背景には、チャルフィーの陽気で楽観的な性格があったと筆者には思われる。彼は、まったくいばらず、気さくで、自分は「ばかだ」などと謙遜する人でもあった。筆者は、日本の財団が授賞する、賞金 5 千万円という賞にチャルフィーを推薦したことがあり、彼は受賞しなかったが、その後間もなくノーベル賞を受賞した。チャルフィーは、受賞講演において、応用的な研究が多い状況の中で、GFP のような**基礎的な研究**が受賞することに価値がある、また我々はもっと多様な生物から学ぶべきである、と述べている。

5・3 チェンの研究

チェン（Roger Y. Tsien、図 5・20）は、1952 年にアメリカで生まれた。両親とも、中国で生まれ、アメリカに渡った人たちである。チェンは喘息気味で、運動嫌いの一方、化学が大好きで、自宅で多数の化学実験をする化学少年だった。彼は 15 歳のとき、オハイオ大学での夏期研究コースに参加した。そこで行った研究についての論文により、16 歳のときにウェスチングハウス・サイエンス・タレント・サーチというアメリカで有名な科学コンテストで優勝した。それによって奨学金を獲得し、1968 年に**ハーバード大学**に入学し、主に化学と物理を学んで 20 歳で卒業した。大変な秀才だったと言えよう。

同じ 72 年にイギリスの**ケンブリッジ大学**の大学院に留学し、博士研究員の期間の終わりまで滞在した。ここで彼は神経の活動を電気生理学的に解析する代わりに、カルシウムイオン（Ca^{2+}）に特異的に結合する色素分子（**カルシウムイオン指示薬**）を新しく開発し、それを用いて細胞内カルシウム濃度の変化を解析する研究を行った。チェンは、1982 年アメリカに帰国し、**カリフォルニア州立大学**バークレー校の助教授となり、自身の研究室を持った。ここで彼は、カルシウムイオン指示薬の改良を重ね、またナトリウムイオン、水素イオンについても特異的指示薬を開発した。1989 年に、彼は同じカリフォルニア州立大学のサンデイエゴ校（UCSD）に移り、ここで授賞の対象となる研究を行った。受賞時、56 歳であった。

チェンの GFP 研究への道のりの第一歩は、**蛍光共鳴エネルギー移動**（Fluorescence Resonance Energy Transfer、略称 **FRET**）と呼ばれる

図 5・20 ロジャー・チェン
（写真：ロイター＝共同）

現象であった．**FRET** とは，ある分子の出す蛍光が近くの別の蛍光分子を励起してより波長の長い蛍光を出させることであり，二つの蛍光分子が非常に接近しているときにのみ起こる．下村博士の項で述べたイクオリンの出す青い光は蛍光ではないが，オワンクラゲの発光器に共存する GFP がこの光によって緑色の蛍光を出すのは同じ原理である．

　チェンは，大学院生のときからこの現象に興味をもっていたが，サンデイエゴ校（UCSD）に移る頃，現実にこの現象を環状 AMP（cAMP）および **cAMP 依存性のタンパク質リン酸化酵素（PKA）** の研究に利用することを試みていた．**図 5・21** がそれを説明する図である．図に示すように，PKA は触媒サブユニット（Catalytic，C）と調節サブユニット（Regulatory，R）2分子ずつからなる四量体の酵素である．cAMP が存在しないときには R の働きにより，酵素は活性を発揮できないが，cAMP があると R は C から離れ，C がタンパク質のリン酸化を触媒する．C も R も共に自身で蛍光を出すタンパク質ではないが，違う蛍光を出す分子をそれぞれに結合してやれば，C と R は非常に接近しているはずなので，二つの蛍光分子の間で FRET が見られるはずである．ここに cAMP を加えると C と R が離れるので，FRET が喪失することが期待される．チェンは，①遺伝子操作技術により，C と R

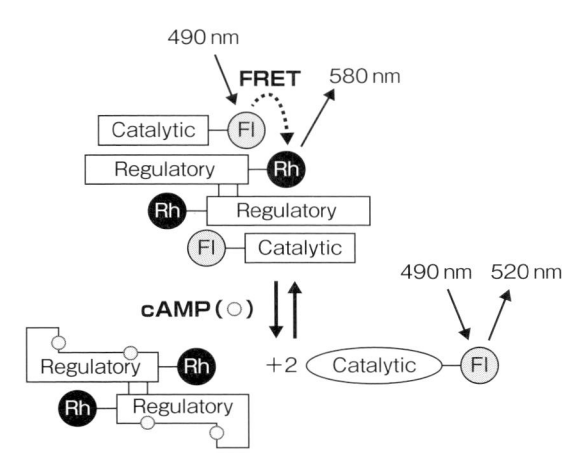

図 5・21　FRET（蛍光共鳴エネルギー移動）の例
⇨口絵③参照
チェンのノーベル賞受賞講演 Fig. 1 を基に作成．
(http://www.nobelprize.org/nobel_prizes/chemistry/laureates/2008/tsien_lecture.pdf, Copyright ⓒ The Nobel Foundation 2008)

を大量に発現させ、精製する、② C にフルオレッセイン（Fl）、R にローダミン（Rh）というよく使われる**蛍光色素**を結合する、という計画を立てた。**図 5・21** は、490 nm の励起光を当てたとき、Fl は 520 nm の蛍光を発するが、これによって Rh が励起されると 580 nm の蛍光を出すので、蛍光波長の違いにより FRET が検出できることを示している。

　この計画は、UCSD にあった PKA の専門の研究室との共同により実行されたが、蛍光色素をタンパク質のどの部位に結合させるかという選択肢がいろいろあり、結合しなかったり、結合できても多くの場合タンパク質の活性が失われたりして、成功するまで 1 年以上かかった。そして、蛍光標識された C と R を細胞に微量注入して、細胞内での cAMP 濃度の変化を蛍光の変化により調べられるようになった。しかし、調べようとする目的のタンパク質の調製や標識が大変なだけでなく、注入が容易なほど大きく、また注入に耐えるほど丈夫な細胞が少ないなど、解析が可能な細胞が非常に限られるという問題点があった。もし自ら蛍光を出すタンパク質が 2 種類あり、それを調べたいタンパク質との**融合タンパク質**として発現できれば、ずっと容易であり、また発現のための遺伝子導入はタンパク質の導入より容易で、しかも遺伝子は子孫の細胞や個体にまで伝えられる。

　このようにして、1991 年頃、チェンは自身で蛍光を出すタンパク質を強く求めていた。その一つの候補として、カリフォルニア州立大学バークレー校の他の研究室で研究されていた藍藻の蛍光タンパク質にチェンは期待していたが、なかなか実用化できるようにならなかった。もう一つの候補として彼は **GFP** のことを知っており、1992 年 5 月、初めて利用可能になった文献検索によって、プラッシャーらの GFP の cDNA の論文を見つけた。そしてプラッシャーに電話し、プラッシャーは共同研究という条件で cDNA を提供することを約束した。しかし、チェンの研究室には、当時 GFP の遺伝子発現の実験ができる人がおらず、その経験のある博士研究員を新しく雇ってから、チェンが再びプラッシャーに電話したのは 92 年の 10 月であった。そして、前節で書いたように、わずか一月ほど前にプラッシャーがチャルフィー

にGFPのcDNAを送ったことを聞いた。そのすぐ後でチェンは学会でチャルフィーに会い、大腸菌でGFPが光ったことを知った。そこでチェンはGFPを大腸菌ではなく、単細胞真核生物である酵母で発現することにし、それは一応成功したが、細胞により蛍光の強さが大きく違った。また、酵母のあるタンパク質との融合タンパク質を発現させたところ、蛍光が非常に弱く、すぐには実用にならなかった。

このような背景の中で、チェンはFRETのため、GFPとは違う色の蛍光を出すタンパク質をGFPから作り出すこと、GFP自身をもっと使いよいものにすることをめざした。彼らが用いた**GFP改変**の戦略は、すでに知られていた発色団を形成するアミノ酸（セリン65－チロシン66－グリシン67）の中で発色の中心と推定された**チロシン**を他の特定のアミノ酸に変換すること、およびGFPの遺伝子（cDNA）に無作為に突然変異を起こさせ、それら変異を含む遺伝子を大腸菌に発現させて変化した蛍光を発するものを探すことであった。これらの方法により、チェンたちは青い蛍光を出す**BFP**（Blue Fluorescent Protein、ヒスチジン66）、青緑の蛍光を出す**CFP**（Cyan F. P.、トリプトファン66＋他の変異）、黄色い蛍光を

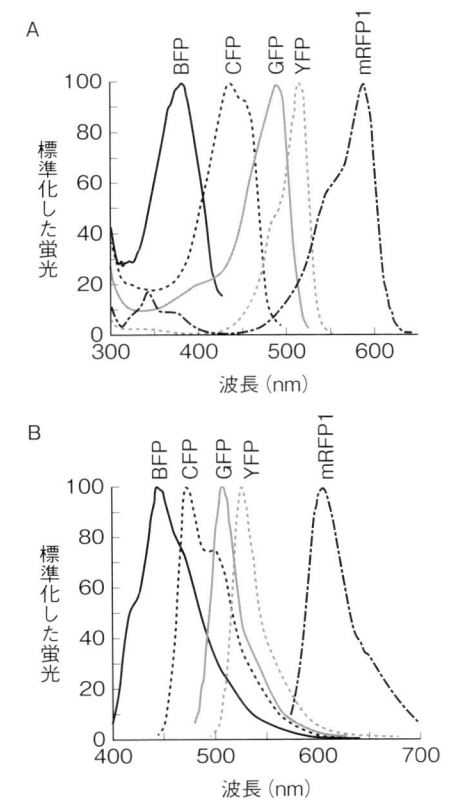

図5・22 種々のGFP誘導体の励起光（上）および蛍光発光（下）のスペクトル
Lippincott-Schwartz and Patterson: Science **300**, 87-91（2003）, Fig. 2を基に作成。

出す **YFP**（Yellow F. P.、チロシン 203）を作り出すことができた。また、もともとの GFP の吸収極大を紫外域から青色光に変えることにより、励起光による GFP の失活が起こり難いなど、ずっと優れた性質をもつ **EGFP**（S65T、トレオニン 65）を作り出すことにも成功した。これら BFP、CFP、YFP および EGFP の励起スペクトル（上）と**蛍光スペクトル**（下）を図 5・22 に示す。

　これらの改変は 1995 年前後に行われたが、99 年以降には他の研究グループにより、発光しない生物である**サンゴ**などの海洋動物から、様々な蛍光タンパク質の遺伝子が得られるようになった。発光しない海洋生物に蛍光タンパク質があることは意外な発見であるが、それは太陽の光の下で海の中の生物が様々な色をもつのに役立つと考えられる。これらの蛍光タンパク質の中で最初に同定されたのは、GFP をもつオワンクラゲと同じ刺胞動物門ではあるが、別のサンゴの仲間（花虫綱）から得られた DsRed であった。これは赤い蛍光を出す初めてのものであったが、四量体であり、利用し難かった。チェンたちは DsRed の改変を重ね、単量体（モノマー）の赤色蛍光タンパク質を作り出すのに成功した。図 5・22 の中の **mRFP1** はこれを示す。彼らは、この mRFP1 の改変も行い、黄色から濃い赤までの様々な蛍光を出すタンパク質を作り出すことができた。図 5・23 に、チェンたちが作り出したこれらの GFP および mRFP1 由来の蛍光タンパク質の蛍光を並べて示している。

　このように文字通り多彩な蛍光タンパク質の出現により、生体内での種々

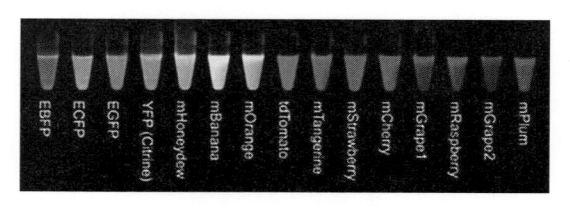

図 5・23　チェンらが開発した多彩な蛍光タンパク質
⇨口絵④参照
チェンのノーベル賞受賞講演 Fig. 12 より転載。
(http://www.nobelprize.org/nobel_prizes/chemistry/laureates/2008/tsien_lecture.pdf, Copyright ⓒ The Nobel Foundation 2008)

5・3 チェンの研究

の生化学反応や現象を自在に可視化や定量することが可能になってきた。その最も一般的な利用方法の一つは、複数のタンパク質を同時に可視化して観察すること（**多色観察**）であり、もう一つはFRETである。図5・24は、細胞分裂周期の可視化を行ったものである。図5・25は、FRETの利用例であり、ともにCFPからYFPへのFRETを利用しているが、AではFRETを確認するための対照実験がタンパク質分解酵素（プロテアーゼ）を利用して行えるように作られている。Bでは、

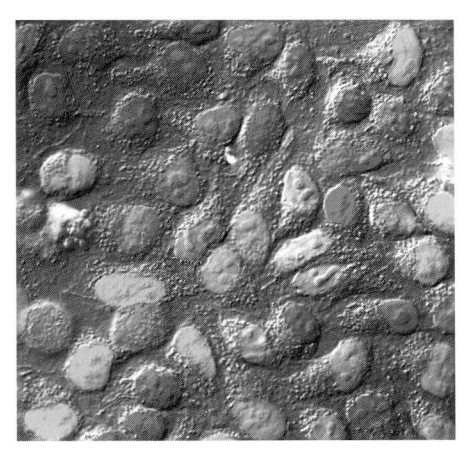

図5・24　多色蛍光観察の例
⇨口絵⑤参照
宮脇敦史博士［理化学研究所 脳科学総合研究センター］のご厚意により掲載。

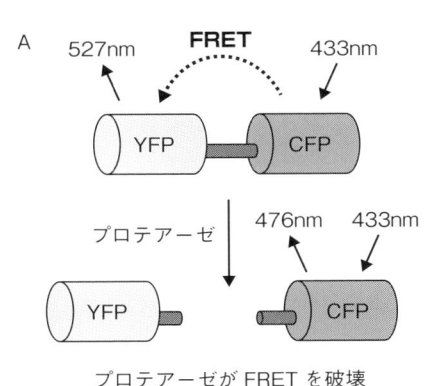

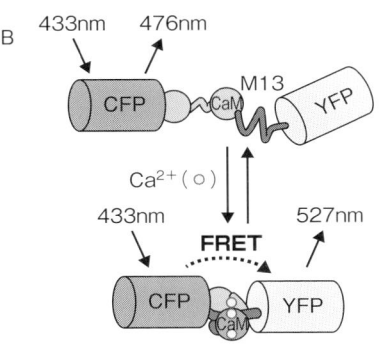

図5・25　FRETでのGFPおよびその誘導体の利用の例
チェンのノーベル賞受賞講演 Fig. 7A、Bを参考に作成。
(http://www.nobelprize.org/nobel_prizes/chemistry/laureates/2008/tsien_lecture.pdf, Copyright ⓒ The Nobel Foundation 2008)

Ca^{2+}が存在するとタンパク質全体の構造が変化し、CFPとYFPが近づいてFRETが生ずるので、**Ca^{2+}の指示薬**として利用できる（**カメレオン**と呼ばれる）。

　以上のように、チェンは、GFPおよび類似の蛍光タンパク質の改変により、多様な蛍光や性質をもつタンパク質を生み出し、生体内の分子の可視化（**イメージング**）技術の発展に大きな貢献をした。GFPを中心とする生体イメージング技術の革命は、医学の発展にも大いに役立ってきたし、今後も役立つはずである。下村博士、チャルフィーとともに、チェンがノーベル賞受賞者に選ばれたことは当然であった。

　しかし、受賞者の決定に当たって、下村、チャルフィーにつぐ3人目を誰にするかについては、あるいは議論があったかもしれない。**プラッシャー**（図5・14）は、GFPのcDNAのクローニング、それに基づくアミノ酸配列の決定という重要な研究をしており、受賞する可能性があったと思われる。ノーベル賞委員会としては、チェンの貢献がより大きいと判断したのであろう。プラッシャーも当然GFPの発現をめざしていて、cDNAの全長の約70％の長さのものが得られた時点で大腸菌での発現を試みたが、蛍光は得られなかった。また、当時研究費の獲得がうまくいかず、発現実験を他の人たちに譲ったといわれる。ノーベル賞受賞の次点となったプラッシャーは、最近研究職を失い、バスの運転手をしているという（石浦章一監修「光るクラゲがノーベル賞をとった理由」日本評論社、2009年）。はるかに楽な実験で受賞したチャルフィーと比較して、誠に気の毒であるが、それが明暗を分けた運命の結果である。

　ちなみに、理化学研究所の**宮脇敦史**博士はかつてチェンの研究室に留学し、その後生体分子のイメージング技術の開発や実際の利用で大活躍されている。**図5・24**は宮脇博士から提供されたものであり、**図5・25**のB（カメレオン）は彼が開発した分子である。

第6章

まとめと展望

　この章では、本書のまとめとして、線虫以外の「モデル生物」とモデル生物一般の研究における意義、および研究者の人物像、ノーベル賞受賞に至る成功の理由などについて述べる。また、生物学の将来の展望として、筆者の考えを書いてみたい。

6・1　「モデル生物」はどのように研究に役立つのか？

　この本の主題であるエレガンス線虫は、代表的な**モデル生物**の一つ（多細胞生物、動物）である。研究材料としてよく使われている他の代表的モデル

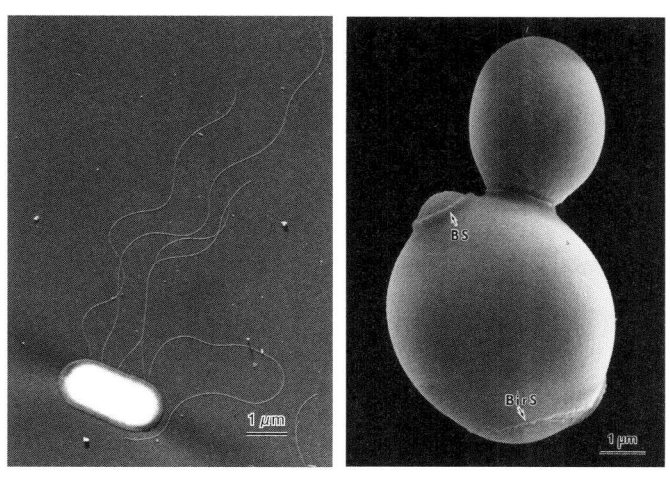

図6・1　大腸菌 O157（左、透過型電子顕微鏡像）とパン酵母 S. cerevisiae（右、走査型電子顕微鏡像）
（写真：左は国立感染症研究所、右は大隅正子博士［日本女子大学名誉教授、認定 NPO 法人 綜合画像研究支援］のご厚意により掲載）

生物には、大腸菌（細菌）、酵母（単細胞真核生物）、ショウジョウバエ（昆虫）、ゼブラフィッシュ（魚）、マウス（哺乳動物）、シロイヌナズナ（維管束双子葉植物、アブラナ科）、動植物培養細胞、ウイルスなどがある。**大腸菌（図6・1左）** は、第2章で述べたように、1950〜70年代の分子生物学が誕生・確立した時代に中心的モデル生物として重要な役割を果たし、今でもDNA複製機構の解析などのモデル生物として使われているが、今では遺伝子操作などでの技術的材料の面がより重要であり、今後も重要であり続けると予想される。

酵母（図6・1右） は、大腸菌に続いてよく使われるようになり、真核生物でありながら単細胞であるため、圧倒的に遺伝学が駆使できるモデル生物である。**ショウジョウバエ（図6・2）** は、上に挙げたモデル生物の中では最も古くから使われ、モーガンらによる遺伝学の発展に大きな役割を果たしたが、今でも重要なモデル生物であり続けている。ショウジョウバエは線虫よりずっと複雑、高等であり、取り扱いはより大変であるが、高等動物の発生や神経系のモデルとしてより優れているといえよう。

マウス は、言うまでもなく、哺乳動物を代表するモデル動物であり、人間のモデルとして重要性が増している。**ゼブラフィッシュ** と **シロイヌナズナ** は

図6・2　ショウジョウバエ
『細胞の分子生物学』Fig. 22-24 より転載。

比較的新しいモデル生物であるが、特に**シロイヌナズナ**（図6·3）は、高等植物の中で最も遺伝学が駆使できるモデル植物として重要である。**動植物の培養細胞**および**ウイルス**は、生物そのものではないが、生物のモデルとしてどちらも価値が高い。

細菌を宿主とするウイルス（バクテリオファージ、あるいはファージ）は、かつて大腸菌とともに分子生物学の発展に大きな役割を果たした。同じように、研究材料として歴史的に重要な役割を果たしたものに、メンデルによる遺伝学の原理の確立に用いられた**エンドウ**、遺伝子の役割（1遺伝子－1酵素）の概念の確立に役立った**アカパンカビ**（真核多細胞の菌類）、動く遺伝子（転移因子）の概念の提出の材料となった**トウモロコシ**などがあった。

図6·3 シロイヌナズナ
（写真：髙橋 卓博士［岡山大学教授］のご厚意により掲載）

エレガンス線虫が、ノーベル賞を受賞した研究にどのように、またなぜ役立ったかは前章までの各章で述べた。ここに述べたような他のモデル生物の研究がノーベル賞を受賞した例としては、**モーガン**（ショウジョウバエによる遺伝学の確立、1933年）、**ビードル・テイタム・レーダーバーグ**（大腸菌とアカパンカビによる遺伝生化学、1958年）、ルボフ・ジャコブ・モノー（**図2·9**、大腸菌とファージによるオペロン説、1965年）、**デルブリュック**（図2·5）**・ハーシー・ルリア**（バクテリオファージの増殖機構、遺伝子＝DNA、1969年）、**マックリントック**（トウモロコシによる動く遺伝子概念の提唱、1983年）、**ルイス・ニュスリン＝フォルハー**

ト・ウィーシャウス（ショウジョウバエによる形態形成の研究、1995年）、**ハートウェル・ハント・ナース**（酵母による細胞周期の研究、2001年）、**アクセル・バック**（マウスによる嗅覚機構の研究、2004年）、**キャペッキ・エバンス・スミシーズ**（マウス遺伝子の改変、2007年）が挙げられる。

　これによると、大腸菌、ファージ、ショウジョウバエ、マウスが主な材料の研究がそれぞれ2回受賞している。線虫の3回（正確には2回＋1/3回）の受賞はこれらを上回ったと言うこともできる。エレガンス線虫の研究で現在最も注目されているのは**寿命・老化の研究**であろうか。動物の寿命・老化はショウジョウバエ、マウスでも研究されているが、寿命の決定に関与する重要な遺伝子の大半は線虫で初めて発見されている。そして、線虫では複数の遺伝子の変異や飼育条件の組み合わせにより、野生型の通常の寿命に比べて最大10倍寿命を伸ばすことができるようになった（C. Kenyon: Nature 464, 504-512, 2010）。この寿命の研究が将来ノーベル賞を受賞する可能性がある。また、現在活発に研究されている、いわゆる**マイクロRNA**などによる遺伝子発現の制御の研究の発端の一つは、**ラブカン**（G. Ruvkun）らによる線虫での研究であり、彼らも受賞する可能性があるかも知れない。

　これらのモデル生物が研究に有利な理由は、まとめて一言でいえば、研究がし易いということにつきる。しかし、どのモデル生物も万能ではない。エレガンス線虫は、動物全体から見ればかなり構造が簡単、行動が単純であり、その点で哺乳動物のモデルにはならない。線虫が役立つのは、生物にとってのより根源的な発生・器官形成などの原理の発見（ブレナー、サルストン、ホービッツ）、分子レベルでの新しい現象の発見（RNA干渉）においてであり、また実験系としての優秀さ（GFPの研究）によるものであった。マウスは哺乳動物のモデルとして非常に重要であるが、研究に多額の経費や多くの人手を必要とし、また世代時間が長いので、長い研究期間も要る。特に、寿命、行動、形態形成などについての特定の表現型を示す変異体の分離やそれに基づく原因遺伝子の同定などは非常に大変である。

　上に挙げたものの他にも、**アフリカツメガエル**（両生類、**図6・4**）、**イモリ**（両

生類)、**ホヤ**（原索動物）、**カイコ**（昆虫）、**イネ**（単子葉植物）、**ミヤコグサ**（双子葉植物マメ科）、**ヒカリツリガネゴケ**（苔類）なども研究材料として比較的よく使われ、モデル生物と言える。これらを入れても、ここに挙げた生物グループは20足らずであり、生物界全体のごく一部を代表するに過ぎないであろう。

図6・4　アフリカツメガエル
浅島 誠・駒崎伸二共著『分子発生生物学』裳華房（2000）より掲載。

　従って、今後新しいモデル生物を開拓する必要もある。筆者の考えでは、その一つは樹木のモデルである。草（草本）と樹木（木本）には本質的区別がないといわれ、条件によって一年草から多年草や木本が生じるらしいが、樹木の研究は地球の将来にとって重要であり、世代時間が短いなどの性質をもつ、研究に役立つ**モデル樹木**は開発の価値があると思われる。また、生命の起源や進化の研究のために、好熱性などの**古細菌**をモデルとして集中的に研究することも価値があるように思われる。

　しかし、現在認められている生物の種の総数は200万足らずであり、地球上に実在する種はこの10倍以上と考えられている。生物界は実に多様であり、まだあまりあるいはまったく研究されていない生物が大部分である。GFP、RFPなどの有用な蛍光タンパク質がある種のクラゲやサンゴから発見されたように、未知の生物からの重要な発見が今後もあり得る。従って、少数の有用なモデルを集中的に研究するだけでは明らかに不十分であり、**未知の生物の研究**を幅広く行わなければならない。このことは、受賞講演の中でチャルフィーも指摘していたことである。

6・2　受賞者の人物像、研究スタイル、成功の理由
6・2・1　人物像

この本では、2002年の受賞者3人（ブレナー、サルストン、ホービッツ）、2006年の受賞者2人（ファイア、メロ）、2008年の受賞者3人（下村、チャルフィー、チェン；チャルフィー以外の2人は線虫の研究者ではない）について、それぞれの生い立ち、研究歴、受賞対象となった研究の経緯などについて述べた。これら8人の人たちの人物像を、筆者が知り得た資料や知り合った経験から受けた印象に基づいて手短に記すと、以下のようになる。

ブレナー：天衣無縫の思考および実験の天才。アフリカ生まれという経歴はユニークと言えよう。数多くの辛口でユニークなコメントで有名で、中でも「価値の低い論文は1年で消えるインクで印刷すべきだ」というのが記憶に残っている。ブレナーは、日本にも縁の深い人であり、沖縄先端大学院大学の初代学長になることが予定されていたが、実現しなかった。筆者自身も1970年代に線虫の研究に興味をもち、ブレナーの研究室に留学することを希望して、何回か連絡をとったことがある。その後も学会で会ったり、個人的な接触もあった人である。

サルストン：シャイかつ寡黙で、忍耐強く、緻密できわめて優秀な実験家。線虫の国際会議ではいつも見かけ、質問などをしたのは聞いたことがないが、何でもよくわかっていると噂されていた。日本の分子生物学会に招かれて来日したこともあり、筆者も言葉を交わしたことがある。

ホービッツ：オールラウンドでバランスがとれ、聡明な研究者、完璧主義者。3・3節で書いたように、長く筆者と親しい人であり、日本を何度も訪れている。

ファイア：非常に謙虚で緻密、研究のねらいや洞察が鋭い、天才的研究者。

メロ：直接話したことがなく、性格はよくわからないが、履歴や業績から見て、精力的な研究者。受賞時最年少（46歳）。

下村：地位・名誉などを顧みず、自分が興味をもつ研究をすることをなによりも重視する、研究者の一つの典型。実験、思考ともにきわめて優秀で、

短期間で重要な発見や解決を幾度かしている。受賞時最年長（80歳）。

チャルフィー：線虫の初期からの研究者の1人であり、しっかりした業績があったが、特別優秀という印象はない。いつも新しいことに挑戦する態度、謙虚で陽気であるという印象がある。

チェン：若いときから有名な秀才で、非常に精力的な研究者。研究歴からは、いつも新しいテーマや分野に挑戦してきたことがわかる。

これらの人たちの中で、ブレナー、下村、チェンの3人は、若いとき化学の実験が好きであったことが共通点である。サルストン、ファイアの大学院の専攻は化学、または生化学であり、化学的な素養の人が多いということができる。

6・2・2　研究スタイル

これらの人々の研究はすべて実験的研究であり、純理論的な研究ではない。しかし研究スタイルや研究目的においては、主要な研究について単純化すると三つのタイプに分けることができる。**①予測なしに事実を明らかにするタイプ**：ブレナーによる線虫の遺伝子と遺伝学の解明、サルストンによる線虫の細胞系譜の解明、ホービッツによるプログラム細胞死の機構解明、および下村によるオワンクラゲの発光機構の解明。**②仮説あるいは予測に基づいてそれを検証するタイプ**：ファイアとメロによる2本鎖RNAによる遺伝子発現の抑制の実証。**③新しい技術を開発するタイプ**：チャルフィーによる、GFPでの遺伝子発現やタンパク質の生体での可視化、チェンによる蛍光タンパク質の多様化。

6・2・3　研究のなされた年齢と受賞までの期間

受賞の対象となった主な研究がなされたときの受賞者の年齢、および研究の主要な部分が発表された時点から受賞までの期間（括弧内）は以下のようになる。ブレナー：40～60歳（15年）、サルストン：30～41歳（19年）、ホービッツ：27歳～受賞時（55歳）（8年）、ファイア：38歳（9年）、メロ：37

歳（9年）、下村：34〜51歳（29年）、チャルフィー：45歳（14年）、チェン：42〜52歳（4年）。

　多くの研究の主要部分が30歳代または40歳代になされている。最も若かったのはメロの37歳である。ちなみに、全ノーベル賞受賞者の中で、筆者が知る範囲で対象となる研究がなされた年齢が最も若いのは、有名な**ワトソン**（J. D. Watson、DNA構造のモデル作成）の24歳である。研究の主要な部分の発表から受賞までの期間は最短が4年（チェン）、最長が29年（下村）、平均13年である。チェンの受賞は非常に早かったが、下村、チャルフィーによる先行した長い研究に続くものであったためである。ファイアとメロによるRNA干渉の受賞は発表後9年であるが、多くの人の予想よりも早く、GFPの受賞は予想よりも遅かったと思われる。

　なお、各受賞者の項で書いたように、研究の主要な部分が受賞者によってなされた期間は、ファイア、メロ、チャルフィーについては非常に短く、半年および2か月程度である。これに対して、ブレナー、ホービッツ、下村の研究は20年前後またはそれ以上の長い期間に行われている。この本で述べた8人の受賞者については、予測なしに事実を明らかにするタイプには長い時間がかかり、仮説の検証や技術の開発のタイプは非常にまたは比較的短期間になされている。しかし、一般的には仮説の検証や技術の開発に非常に長い時間を要した例も多い。例えば、2013年に物理学賞を受賞したヒッグスらはヒッグス粒子の存在を予想する論文を1964年に発表したが、確実に存在が証明されたのは2013年であり、約50年かかっている。

6・2・4　成功の理由

　人物像についての記載からわかるように、すべての受賞者に共通なのは、**優秀さ**であろう。特別優秀と思われる人が多く、チャルフィーとメロについては特別ではないかもしれないが、学歴や若いときの業績から一般的な意味で学業や研究について優秀であることは疑いない。

　もう一つの共通点は、**幸運**であろう。これについてはそれぞれの受賞者の

ところで述べたが、特にチャルフィー、ファイア、メロについては幸運の要素が大きいと思われる。歴史上重要な発見や研究の成功には、すべて幸運が重要な要素ではないだろうか。幸運を自分のものにするには、努力とともに、機会をとらえる感覚や**先見性**が必要であろう。下村の言葉「GFP の発見は天（自然）が人類に与えた奇跡的な幸運である。その幸運は、GFP が私の前に現われたとき、私がそれを見過ごさずに拾い上げたから起きたのである」をもう一度ここに記す。

6・3　生物学の将来への展望

生物学の将来を全般的、本格的に見通すことは筆者には不可能であるが、筆者の独断と偏見に基づいて、生物学の将来の可能性と将来への期待をいくつか記してみたい。

6・3・1　新種の発見・宇宙生物学

本章のモデル生物の節で述べたように、種として正式に認められた生物は現在 200 万足らずであるが、地球上に実際に存在している生物種は少なくともこの 10 倍、多ければ 100 倍以上であろうといろいろな本に書かれている。熱帯その他の普通の場所からも絶えず**新種**が発見されているが、特に深海、地殻内部、南極などのまだあまり調べられていない**極限環境**の場所からは今後新種が多数発見されるであろう。その中には、現在既知のものと大きく異なる、興味深いものもあるかも知れない。

地球以外の天体での生物の探索も近い将来に進みそうである。地球外には、地球上の生物とはまったく異なる生物が存在する可能性が以前からいろいろ提唱されてきた（例えば、P. D. ウォード「生命と非生命のあいだ」青土社、2008 年）。その中には、水の代わりに**アンモニア**を使う生物、核酸中のリンの代わりに**ヒ素**を使う生物、炭素の代わりに**ケイ素**を使う生物などもある。このうちのヒ素生物の可能性がある微生物がアメリカの湖から見つかったという論文（Wolfe-Simon *et al.* Science 332）が 2011 年に発表されたが、その

骨子を否定する論文がいくつか発表され、元の論文は誤りであると考えられる。

筆者は 50 年近く前の大学院生時代に、DNA の無い微生物が存在する可能性を考えたことがあり、その候補の一つとしてヒ素生物もあった。実際 1、2 年の間そのような微生物の探索を試みたが、当時は有効な探索の技術が無く、探索はほとんど進まずに終わった。しかし、その後 40 年ほどの間に、RNA が酵素活性をもつことが発見されたことをきっかけとして、タンパク質および DNA が生まれる以前に、RNA を中心とする生物が生まれ、存在したという「**RNA ワールド**」仮説が多くの分子生物学者によって信じられるようになった（「細胞の分子生物学」; Gesteland *et al.* eds. The RNA World, 3rd ed. Cold Spring Harbor Laboratory Press, 2006）。図 6·5 は、過去の生命の歴史に RNA ワールドがあったことを示す図である。多くのウイルスが RNA を遺伝子（ゲノム）としてもつことも明らかになっている。また、微生物の探索や研究技術も飛躍的に進歩した。これらを背景として、筆者は DNA の無い生物、特に RNA を遺伝子としてもつ微生物の探索を 2008 年から再び行った。

そのための探索・解析の技術を開発し、学生・院生とともに、高温の温泉や深海底泥などを含めて 100 種類ほどの試料について実際に調べた。その結果、確かに DNA が無い微生物は発見できず、定年退職のため探索は中止となった。しかし、DNA の特異的染色によって DNA が無いように見える微生物らしいものが多数見つかることがわかり、この探索については 2011 年

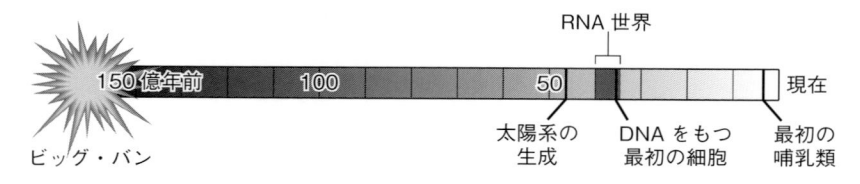

図 6·5　生命の初期に RNA ワールドがあったことを示す図
『細胞の分子生物学』Fig. 6-98 を参考に作成。

・特別記事・

DNAの無い生物は存在するか？
RNA生命存在の可能性

大島靖美

はじめに

　自己増殖する細胞性の生物は，調べられたものすべてがゲノムとしてDNAをもつことが知られている．しかし，ウイルスの約半数がRNAゲノムをもつこと，現在のDNAワールド以前にRNAワールドがあったと多くの人が考えていることから，DNAが無くRNAをゲノムとする生物が存在する可能性も考えられる．地球上の最初の生命は，RNAワールドまたはそれ以前（プレRNAワールド）において誕生し，その後の進化においてRNAゲノムがDNAに置き換えられたと一般に考えられている．それとともに，RNA生物が存続または独立に進化した可能性がある．そのような可能性は，多様性が著しく，また大部分の生物種が未同定である微生物の世界において最も高いと考えられる．われわれは，熊本市の崇城大学において，DNAの無い微生物を探索する実験方法を開発し，その探索を試みたので，その背景，方法，結果などについて述べる[1)2)]．また，これに関連して，生命のいろいろな形の可能性について論じる．

1 背景―DNAの無い生物の存在を示唆する事実

　筆者は，1960年代後半の大学院生時代に微生物が非常に多様であることを本で学んだ．そして，DNAの無い微生物もいるかもしれないと考え，しばらくその探索を試みたことがある．当時はDNAの無い微生物の概念は漠然としており，また有効な探索技術がほとんど無く，2年ほどで中止した．しかし40年ほどが経過した21世紀には，そのような生物が存在する可能性はずっと高くなったと思われる．以下，その理由を述べる．

❶ 高まるRNA生物存在の可能性

　その第一の理由は，DNAの無い細胞性生物の具体像として，RNAをゲノムとするRNA生物が考えやすくなったことである．図1に，現在のDNA生物と，想像されるRNA生物での遺伝情報伝達の過程を比較し

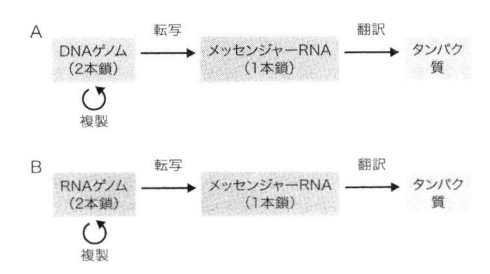

A　DNAゲノム（2本鎖） —転写→ メッセンジャーRNA（1本鎖） —翻訳→ タンパク質
　　↻ 複製

B　RNAゲノム（2本鎖） —転写→ メッセンジャーRNA（1本鎖） —翻訳→ タンパク質
　　↻ 複製

図1　現在のDNA生物（A），およびRNA生物（仮想）（B）の遺伝情報伝達の模式図

Does a DNA-less organism exist? Possibility of RNA Life
Yasumi Ohshima：Professor emeritus, Kyushu University/Former professor, Sojo University（九州大学名誉教授／崇城大学元教授）

図6・6　DNAの無い微生物の探索に関する筆者の解説記事の第1ページ
「実験医学」羊土社（2014）より掲載．

に論文発表をし、最近解説的な記事も書いた (Genes to Cells, 2011；実験医学、2014年、図6・6)。この経験およびRNAウイルスの存在やRNAワールドの考えに基づき、筆者は地球上に**RNA生物**がいる可能性がかなりあると考え、今後それが発見されることを期待している。他の天体についても、既知の地球上の生物、すなわちDNA生物とは異質な生物の中で、RNA生物は存在する可能性が圧倒的に高い。もしRNA生物が見つかれば、生物学の根本を変える大発見であり、生命の起源や進化についても大きな進歩が生まれるであろう。そして、その発見は間違いなくノーベル賞を受賞するであろう。

6・3・2　生命の起源と生命の合成

　前項にも関係するが、**生命の起源**は生物学の最大でかつ最も難しい問題である。難しい理由は、地球上においても何十億年も昔のことであり、特に分子レベルについては直接的証拠がまったく無いことであろう。生命の起源についてのイメージあるいは仮説は、古くは最古の生物の化石・遺骸、現在の生物細胞の姿などから作られてきた。生命の起源についてのまとまった仮説として古く有名なのは、**オパーリン**が1924年に発表した「地球上の生命の起源」であろうか。彼は、まず細胞のような袋（区画）が現われ、そこにタンパク質が、次に核酸が出現して細胞が生じたと考えた。

　1953年に**ミラー**と**ユーリー**によって、原始地球に多く存在したと考えられたメタン、アンモニアなどの無機分子の混合物中で放電を起こさせ、有機分子を作らせる有名な実験がなされ、それ以来生命の起源に関連した分子レベルの実験的研究が行われるようになった。また、これとも関連して、現在の生物がもつ核酸やタンパク質などの材料の機能、安定性および相互の関係から、非生物的にそれらが生成した順序などが推定されるようになった。そのような研究の最近の成果によると、地球上で生成した順序は、**RNA**、**タンパク質**、**DNA**についてはこの順序であり、現在の**細胞膜**に近いものができたのはRNAとタンパク質の間、生命の起源はタンパク質の生成以前というのが主流の考えである。

この考え方では、遺伝子と酵素との両方の機能をもち得るRNAが膜に包まれて自己増殖できるようになったときが生命の起源であり、これがRNAワールド説の根本をなす。生物進化上、DNAがRNAから生じた、すなわちDNAのほうが後からできたことは、いろいろな事実から間違いない。このような研究の流れの中で、最近は、生命あるいは細胞に近いものを試験管の中で作り、さらに進化させるような実験的試みが世界的に活発に行われている（Deamer and Szostak eds. The Origins of Life, Cold Spring Harbor Laboratory Press, 2010）。筆者は、最近までそのような研究に無知で、生命の起源などわかるはずもないと思っていたが、このような**生命の合成**をめざす研究は生命の起源の研究として有力であり、さらに発展すると今は感じている。

6・3・3　栄養学

動物にとって食餌は生命の元である。人間については、多くの人々が様々な食物を摂ることが可能であるが、その中の何を、どれだけ食べるのが健康の増進、長寿、病気の予防あるいは病気からの回復に最善か、すなわち**栄養学**は今でも難しい問題である。世界的に多くの人々が肥満に苦しむのは、基本的には栄養学の問題ではなく、無知や実行力の無さによると思われる。しかし、栄養学の主流の考えでは、肉や魚などからのタンパク質の摂取が重要であるとされるが、玄米や野菜を中心とする菜食主義の人々がかなりおり、その方が健康で長生きができるという主張が根強くある。様々な特定の食品が頭を良くする、やせるのに効果がある、がんに効くといった話は実に多い。いわゆる**サプリメント**、健康食品などが多数売られており、医薬品としては認められていない（すなわち、効果が実証されていない）が事実上薬として使われているもの（例えばグルコサミン）も多数ある。このような事実が栄養学の難しさを示している。

　難しい理由の一つは、ヒトとヒト以外の動物では食物がかなり違うので、人間の栄養学に役に立つような実験が動物では難しいこと、栄養学の実験は

微妙で難しく、ヒトでも効果の判定が難しいことであろう。病気と関連する栄養学はさらに難しい。いわゆる疫学的、統計的な調査が食品の効果の判定の主な根拠となるが、これも厳密で大規模な調査は難しい。その一つの理由は、人々が置かれている環境や条件が多様だからであろう。このように、筆者は栄養学がまだブラックボックスだと感じている。しかし、栄養学は重要であり、今後何らかの新しい調査や実験のやり方が開発されること、あるいは新しい概念が提出されることが必要かも知れない。

6・3・4 新しい技術・方法の開発

ノックアウトマウスと呼ばれる、特定の遺伝子に変異を導入したマウスは以下のような手順でつくられた（図6・7）。まず、マウスから、あらゆる細胞に分化することが可能な増殖性の**ES細胞**（胚性幹細胞）を取り出して培養し、遺伝子操作により目的とする変異を起こさせた遺伝子を加え、各細胞からコロニー（細胞の固まり＝細胞クローン）をつくらせる。多数のコロニーの中から、低い頻度で起こる**相同組換え**（加えた遺伝子の一部の塩基配列と、染色体中の同じ塩基配列の間の組換え）により、ES細胞が本来もっていた正常な遺伝子の一方が、導入した変異型遺伝子と置き換わったES細胞のコロニーを見つけ、増殖させる。次に、交配によって妊娠した雌のマウスから初期胚を取り出し、組み換えたES細胞を加え、偽妊娠マウスに導入して、子供のマウスを出産させる。この中から、体細胞に変異型遺伝子をもつものを選んで交配し、孫のマウスの中から、生殖細胞に変異型遺伝子をもつものを選び、その交配を行う。この交配から生まれる可能性のある子供（ひ孫）の1/4では、すべての体細胞の特定の遺伝子が二つとも変異型となっており、ノックアウトマウスとなる（以上、「細胞の分子生物学」）。

しかし、もしこの遺伝子がその生物の発生や生存に必須であれば、マウスは胚性致死となり、そもそもノックアウトマウスをつくることができない（できなければ致死と考える）。その場合でも、一方の遺伝子だけに変異をもつ個体は多くの場合、生存・維持が可能なので、その交配を行い、生じた胚が

6・3 生物学の将来への展望   117

(A) ES細胞を培養

遺伝子操作により変異型に変えた標的遺伝子

変異遺伝子のDNAを多数の細胞に導入

各細胞にコロニーを作らせる

正常遺伝子の1コピーが導入DNAで置き換えられたコロニーを探す

標的遺伝子の1コピーが変異遺伝子に置換したES細胞

(B) 雌マウス

交配3日後

初期胚を取り出す

ES細胞を初期胚に注入

一部がES細胞由来の初期胚ができる

この初期胚を偽妊娠マウスに導入

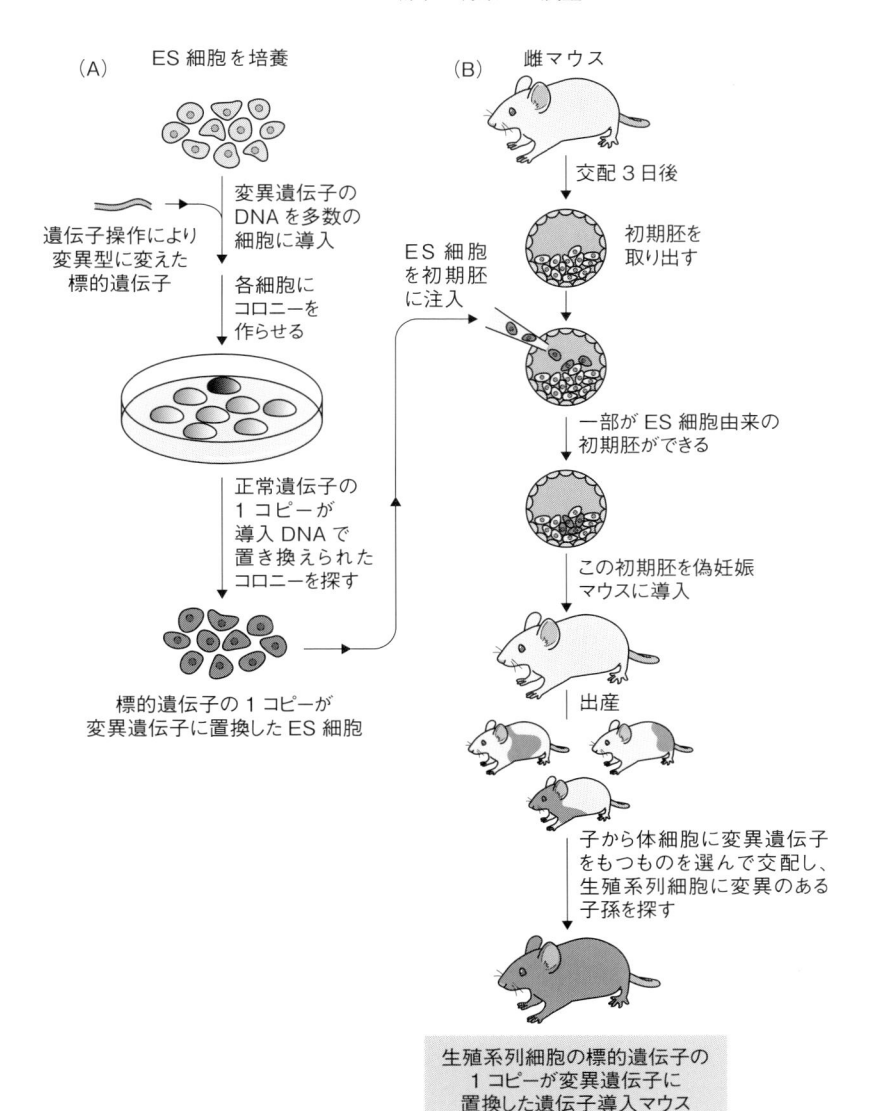

出産

子から体細胞に変異遺伝子をもつものを選んで交配し、生殖系列細胞に変異のある子孫を探す

生殖系列細胞の標的遺伝子の1コピーが変異遺伝子に置換した遺伝子導入マウス

図6・7 ノックアウトマウスの作製方法
『細胞の分子生物学』Fig. 8-65 を参考に作成。

どのような死に方をするかを調べて、遺伝子の機能をある程度調べることができる。また、変異を弱いものにして、生存可能な不完全なノックアウトマウスを作り、異常を調べることもできる。また、最近では、特定の器官や組織でだけ組換えを起こすことにより、遺伝子の働きが必要な器官や組織での異常を調べるなどの巧妙な技術も発展している。

　このようなノックアウトマウスの作製が可能となった鍵は、ES細胞が利用可能となったこと、および多数のES細胞クローンの中から、相同組換えを起こしたまれなものを効率よく見つける技術が開発されたことである。後者には**薬剤耐性遺伝子**と薬剤による細胞の選別が利用された。このようなノックアウトマウス作製の技術の開発に対して、**キャペッキ**（M. E. Capecchi）らに2007年のノーベル生理学・医学賞が与えられている。ノックアウトマウス作製のための、後者のような技術が必要だったのは、マウスの体内で起こる厳密な意味の相同組換えの頻度が低く、起こる組換えのほとんどが相同でないものであるからである。

　相同組換えを選択的に、あるいは高い頻度で起こすことは、数十年以前からの技術的な夢であり、それができればヒトの**遺伝子治療**が容易になると考えられていた。それが、最近多くの生物で可能になりつつあり、今そのような技術は**遺伝子編集**と呼ばれている。この新しい技術は、ある種の細菌から発見された、特定の長い塩基配列を認識して切断する酵素を改変して利用することにより可能となった。実は、これは今後の重要な方法・技術の課題としてここに書こうと思っていたことであったが、それが解決されつつあることを最近になって知った。これにより、遺伝子治療の技術が大きく進歩すると期待される。

　その他の今後の技術的課題で、この本の内容と関係あるものとして、非蛍光性の**色素タンパク質**の開発と利用がある。GFPあるいはこれと機能的には類似した様々な蛍光タンパク質が開発され、非常に役立っていることは第5章で述べたとおりである。しかし、蛍光物質には、励起光を照射しなければならず、そのため、大きな生物や器官では使い難い。また、励起光による

蛍光物質の失活、細胞への障害などの問題もある。光をあてなくても、もともと色のついたタンパク質はより優れたマーカー（標識物質）として機能する可能性があると考えられる。かつて筆者はその開発を考えたことがあるが、実行には至らなかった。

6・3・5　人間の改良

　筆者は子供の頃、自身の身体的不十分さ、頭の悪さなどをしばしば感じ、それが人間一般の身体や能力の不足のせいでもあり、そのため人間を改良することが必要だと思った。**人間の改良**は、基本的には遺伝子レベルで行うことであるが、大きな倫理的問題を含み、悪用の危険もあり、もちろんまだ技術的に不可能に近い。しかし、遺伝病やがんの**遺伝子治療**はその一種であり、それは将来、次第に可能になると思われる。そうなれば、それが次第に広げられ、一般的な人間の**遺伝子の改良**が行われ、頭が非常に良い人間ができるなどの可能性があるように思われる。

6・3・6　不老長寿？

　人間の**平均寿命**は大きく伸び、日本などでは80歳を越えていて、まだ伸び続けている。しかし、ヒトの**最長寿命**はほとんど変わっていないと思われ、約120年である。感染症がほぼ克服され、多くの生活習慣病・成人病の治療や予防が進歩しているが、「**老化**」が克服困難な壁としてたちはだかっているためであろう。本章1節で触れたように、線虫やマウスでは寿命の研究が活発に行われ、その結果線虫では最長約10倍、マウスで約2倍、実験的に寿命が伸ばせるようになった。一般に寿命は老化と深い関係があると考えられ、このような寿命の延長は実は老化の遅れあるいは部分的抑制であるかも知れない。不老も不死も無理であるが、このような研究の将来の進歩により、老化を遅らせ、最長寿命を伸ばせる可能性がある。もし遺伝子レベルでこれを行うなら、上に述べた人間の遺伝的改良の一種である。

あとがき

筆者の研究の要約

　筆者は、学部4年生での卒業実験（東京大学理学部生物化学科、1963〜1964年）から、九州大学薬学部、筑波大学、九州大学理学部などを経て、2度目の定年退職(崇城大学、2011年)まで、50年近く様々な研究を行ってきた。このような筆者の研究全体について、ごく簡単に要約する。

　この間、私（筆者）が使った研究材料は、線虫だけでなく、**ニワトリ**、大腸菌とそのファージ、**カイコ**、哺乳動物、動物培養細胞、**分裂酵母**、**カボチャ**、微生物一般など多岐にわたり、それらを用いていろいろな研究を行った。崇城大学では、動物である線虫、植物のカボチャ、微生物の研究を同時に行っていたが、このような例は珍しいであろう。

　私が著者となっている学術論文は全部で102報であるが、最も発表論文の多い材料は線虫（38報）である。最も論文の多い研究分野はRNA（その遺伝子を含む）で、43報発表されているが、その材料は分裂酵母、哺乳動物や動物培養細胞などである。この両方で論文の約8割を占める。残りの21報の約半分（12報）が大学院生および助手時代に行った、大腸菌の**ラクトースオペロンとリプレッサー**に関するもの、残りはカイコ、カボチャ、微生物などを材料としている。私が行った研究の主な分野は、RNAの分子生物学と線虫の分子・発生・行動生物学と言えよう。

　私の研究論文総数は、教授などとして長年自分で研究を主宰したものとしてはかなり少ない方である。私が知る研究者の中で、発表論文の最も多い人は1000報前後（化学などの分野）であり、九大生物学科の同僚の先生（生化学分野）には約300報発表された方もいた。私の発表論文の少なさの理由の一つは、最も長く手がけた線虫の生物学に時間がかかることである。一般

に、生きた生物を実験材料にする研究は、試験管内での研究が中心である生化学などの研究よりも時間がかかり、特に線虫については、世界的に一つの論文発表に要する研究期間の平均が5、6年と思われる。他に、材料が多彩であること、私の能力も理由である。

　材料や研究分野の多彩さは、よくも悪くも私の研究の特徴である。一つの研究テーマについて徹底的に研究を積み重ねることが研究スタイルの一つの王道であると思うが、私のスタイルはそれと異なり、従って一つの分野での重厚な研究業績が無い。私はいろいろなものに興味をもち、また主な興味が変わって行く、いわば浮気な研究者である。

　私の研究歴の中で、実現しなかったが、最もノーベル賞受賞の可能性があったのは、クローン化したカイコのフィブロイン遺伝子のRループ法による解析を1976年に行っていればイントロンを世界で初めて発見したかも知れないことである。また、80年代に線虫体内でリボザイム（RNAを切断するRNA酵素）を利用して特定の遺伝子発現を抑制する試みをしばらくしたことがある。あまり進まないうちに中止したが、このときアンチセンス核酸を用いて実験していれば、RNA干渉を発見した可能性があったかも知れない。ラクトースオペロンのリプレッサーの分離・同定については、もし私が最初に成功したとしても、ジャコブとモノーの65年の受賞の後で、その可能性は無かった。ノーベル賞受賞には、鋭い先見性、多大な努力、そして幸運が多くの場合必要だと感じる。

　私の論文の中で、最も有名な科学雑誌Natureに発表された論文が3報ある。線虫について2報、RNAについて1報である。これらの論文の研究を中心的に行ったのはスタッフであった谷 時雄、森 郁恵、院生であった古賀誠人の諸君であり、皆それぞれ優秀な人たちで、人的要因がこれら論文発表に重要であった。しかし、論文の価値は、本来それが発表された雑誌の一般的なランクで決まるわけではなく、その内容の科学や社会に対する影響の大きさ、**独創性**などによるものである。私の今の考えでは、6・3節に記した、「DNAの無い（微）生物」についての論文（Genes to Cells, 2011）が、私の

全論文の中で最も独創性が高く、またもしそれが発見されれば大きな影響をもつので、そのような意味で価値が最も高い可能性があると思っている。

　写真を提供していただきました木村英作博士、角坂照貴博士、宮脇敦史博士、大隅正子博士、髙橋 卓博士の諸氏、およびノーベル財団や国内外の出版社に感謝申し上げます。また、この本の編集について、裳華房 編集部の野田昌宏氏に大変お世話になりました。厚く感謝致します。

参考文献

小原雄治編「線虫 1000細胞のシンフォニー」共立出版、1997年。

石橋信義編「線虫の生物学」東京大学出版会、2003年。

B. Alberts 他著、中村桂子・松原謙一監訳「細胞の分子生物学」第5版、Newton Press、2010年。

E. C. Friedberg, E. Lawrence 編、丸田浩・丸山一郎・丸山李紗訳「エレガンスに魅せられて」琉球新報社、2005年（原著："My Life in Science" Science Archive Ltd. 2001）。

ノーベル財団によるノーベル賞のウェブサイト（http://www.nobelprize.org/）。

H. D. Judson 著、野田春彦訳「分子生物学の夜明け－生命の秘密に挑んだ人たち－」（上）（下）、東京化学同人、1982年（原著：The Eighth Day of Creation, Simon and Schuster, New York, 1979）。

S. Brenner: The genetics of *Caenorhabditis elegans*. Genetics **77**, 71-94（1974）．

J. G. White, E. Southgate, J. N. Thomson and S. Brenner: The structure of the nervous system of the nematode *Caenorhabditis elegans*. Phil. Trans. Roy. Soc. Lond. B, **314**, 1-340（1986）．

J. E. Sulston and H. R. Horvitz: Post-embryonic cell lineage of the nematode, *Caenorhabditis elegans*. Dev. Biol. **56**, 110-156（1977）．

J. E. Sulston, E. Schierenberg, J. G. White and N. Thomson: The embryonic cell lineage of the nematode *Caenorhabditis elegans*. Dev. Biol. **100**, 64-119（1983）．

A. Fire: Integrative transformation of *Caenorhabditis elegans*. EMBO J. **5**, 2673-2680（1986）．

C. C. Mello, J. M. Kramer, D. Stinchcomb and V. Ambros: Efficient gene transfer in *C. elegans*: extrachromosomal maintenance and integration of transforming sequences. EMBO J. **10**, 3959-3970（1991）.

A. Fire, S. Xu, M. K. Montgomery, S. A. Kostas, S. E. Driver and C. C. Mello: Potent and specific genetic interference by double-stranded RNA in *Caenorhabditis elegans*. Nature **391**, 806-811（1998）.

下村 脩著「クラゲに学ぶ　ノーベル賞への道」長崎文献社、2011 年。

M. Chalfie, Y. Tu, G. Euskirchen, W. W. Ward, D. C. Prasher: Green fluorescent protein as a marker for gene expression. Science **263**, 802-805（1994）.

A. Hiyoshi, K. Miyahara, C. Kato and Y. Ohshima: Does a DNA-less cellular organism exist on Earth? Genes to Cells **16**, 1146-1158（2011）.

大島靖美：「DNA の無い生物は存在するか？　RNA 生命存在の可能性」 実験医学 32 巻、No. 9、2014 年。

線虫の研究史

年代	事項	人・文献	本書の掲載章
～BC1500	人体寄生虫のカイチュウ（回虫）、メジナムシの記載	エジプトのパピルス文書(1)	
1656	スセンチュウの記録（初の自活性線虫）	Borellus (1)	
1743	コムギツブセンチュウの発見（初の植物寄生性線虫）	Needhum (1)	
1873～1894	回虫など種々の線虫の卵形成、減数分裂、受精、初期の細胞分裂の研究	O. Bütschli, L. Auerbach, A. Goette ら (2)	
1887～1910	回虫の初期細胞分裂の研究（幹細胞、染色体減少などの発見）、細胞系譜の概念の提唱（1892）	T. Boveri (2)	
1895～1959	多くの線虫について、初期細胞分裂パターンが回虫とほぼ同じであることの発見。	H. Spemann, H. E. Ziegler, E. Martini, zur Strassen(2)	
1908, 1909	回虫神経系のほぼ全面的な構造の解明	R. Goldschmidt (2)	
1966～1967	エレガンス線虫（*C. elegans*）の研究の提唱と開始	ブレナー（S. Brenner）	2章
1974	エレガンス線虫の遺伝学の確立	S. Brenner: Genetics	3章
1977	エレガンス線虫の孵化後の細胞系譜の決定	J. E. Sulston & H. R. Horvitz: Dev. Biol.	3章
1983	エレガンス線虫の孵化前を含む全細胞系譜の決定	J. E. Sulston *et al.*: Dev. Biol.	3章
1986	エレガンス線虫の全神経系の構造解明	J. G. White *et al.*: Phil. Trans. Roy. Soc. Lond. B	3章
1986	エレガンス線虫の形質転換技術の開発	A. Fire: EMBO J.	4章
1994	GFPのエレガンス線虫での発現	M. Chalfie *et al.*: Science	5章
1998	RNA干渉（RNAi）のエレガンス線虫での発見	A. Fire *et al.*: Nature	4章
1998	エレガンス線虫のほぼ全ゲノムの解明	The *C. elegans* Sequencing Consortium: Science	3章
2002	「器官の発生およびプログラム細胞死の遺伝的制御に関する発見」によるノーベル生理学・医学賞の受賞	ブレナー、ホービッツ（H. R. Horvitz）、サルストン	3章
2006	「RNA干渉、または2本鎖RNAによる遺伝子発現の抑制、の発見」によるノーベル生理学・医学賞の受賞	ファイアとメロ（C. C. Mello）	4章
2008	「緑色蛍光タンパク質（GFP）の発見と発展」によるノーベル化学賞の受賞	下村脩、チャルフィー、チェン（R. Y. Tsien）	5章
2010	エレガンス線虫の寿命の研究	C. Kenyon: Nature	6章

参考文献：(1) 石橋信義 編「線虫の生物学」（東京大学出版会、2003）「はじめに」より、
(2) B. M. Zuckerman ed.: Nematodes as Biological Models Vol.1, Academic Press (1980).

索　引

B, C
BFP　99
Ca^{2+}の指示薬　102
cAMP依存性のタンパク質リン酸化酵素　97
cDNAのクローニング　87
*ced-3*変異体　49
*ced-9*変異体　49
CFP　99

D
DNA　114
DNAの構造模型　10
DNAの半保存的複製　19
*dpy*変異体　27

E
EDTA　80
EGFP　100
ES細胞　116

F, G
FRET　96, 97
GABA　38
GFP　82, 98
GFP改変　99
GFPのcDNA　89
GFPの発色団　83

L, M
*lon*変異体　28
*mec-7*遺伝子　91

miRNA　68
MIT　47, 53
mRFP1　100

P
PCR　89
PKA　97

R
RDE4タンパク質　65
RISC　65
RNA　16, 114
RNA干渉　63, 64, 67
　　──の分子機構　65
RNAサイレンシング　68
RNA生物　114
RNAによる遺伝子発現の抑制　59
RNAの化学的な構造　15
RNAワールド　112

S
siRNA　68
*sma*変異体　28

T, U, Y
T4ファージ　12
*unc-22*遺伝子　60
*unc*変異体　28
YFP　100

あ
青い光　80

アカパンカビ　105
アクセル　106
朝日賞　84
アフリカツメガエル　106
アポトーシス　50, 52
アミノ酸　20, 77
アミノ酸配列　89
アルゴノート　65
アンチセンス核酸　58
アンモニア　111

い
鋳型鎖　15
イクオリン　81, 94
　　──の発光機構　81
一般性　62
1本鎖RNA　65
遺伝暗号　11, 16, 20
遺伝学の樹立　25
遺伝子組換えタンパク質　92
遺伝子地図　30
遺伝子治療　118, 119
遺伝子の改良　119
遺伝子発現の目印　91
遺伝子編集　118
遺伝子マッピング　30
イネ　107
イメージング　102
イモリ　106
陰門　56

う
ウィーシャウス　106

中 索 引

ウイルス 105
　　——の感染 64
ウォード 92
ウォディントン 9
ウミホタル 73
運動ニューロン 33, 37

え
栄養学 115
エチルメタンスルホン酸 26
エバンス 106
エレガンス 5
エレガンス線虫 5, 24
　　——の国際会議 59
塩基 15
塩基対合 15
塩基配列 20
　　——の誤り 90
エンドウ 105

お
雄 5, 44
オチョア 23
オックスフォード大学 9
オパーリン 114
オペロン説 23
オワンクラゲ 79

か
カーネギー研究所 58
カイコ 107, 120
介在ニューロン 33
回虫 2
外胚葉 44
核酸 15
カスパーゼ 50
カテコールアミン 86

下皮 44
カボチャ 120
カメレオン 102
ガモフ 13
カリフォルニア州立大学 96
カルシウム 80
　　——のセンサー 81
カルシウムイオン指示薬 96
がん 51
　　——の治療 68
感覚ニューロン 33, 37
環状化 84
感染防御 67

き
機械感覚ニューロン 91
機械的刺激（接触） 86
寄生性 2
偽体腔 56
逆転写酵素 88
キャペッキ 106, 118
キャベンディッシュ研究所 13
極限環境 111

く
組換え 30
クラゲに学ぶ－ノーベル賞への道－ 71, 124
グリシン 84
クリック 10
クローン 6
クロマトグラフ 75

け
蛍光 82, 90
蛍光共鳴エネルギー移動 96

蛍光顕微鏡 90
蛍光色素 98
蛍光スペクトル 100
形質転換 54, 55
ケイ素 111
ゲノム 46
ゲル電気泳動 60
研究グラント 70
減数分裂 30
ケンブリッジ大学 10, 96

こ
酵素誘導 17
抗体染色 87
酵母 104
コード配列 89
コールドスプリングハーバー研究所 12
古細菌 107
コドン 20
コラーナ 21

さ
最長寿命 119
細胞系譜 39
細胞自律的 45
細胞膜 114
サプリメント 115
サルストン 38, 108
サンガー 11
サンゴ 100
産卵口 44, 56

し
自活性 1
色素タンパク質 118
試験管内の反応 23

索引

シナプス 37
下村 脩 71, 108
ジャコブ 17
雌雄同体 5
シュテント 13
ショウジョウバエ 24, 104
情報中間体 16
食作用 49
寿命・老化の研究 106
ジョンソン 77, 78
シロイヌナズナ 105
神経環 33, 35
神経系 31
　──の構造の解明 32
神経軸索 35
神経突起 32
新種 111

す, せ

スミシーズ 106
制限酵素 *Eco*RI 89
精子 56
生殖巣 55
生命の起源 114
生命の合成 115
ゼブラフィッシュ 104
セリン 84
セレンテラジン 81
染色体 31
センス鎖 15, 59
線虫 1
線虫類 24

そ

相同組換え 116
相同染色体 26
ソックスレー抽出器 74

た

ダイサー 65
大腸菌 104
体壁筋肉 35, 37
多色観察 101
タンパク質 114
　──のアミノ酸配列 16
　──の標識 87

ち

チェン 96, 109
致死変異体 28
チャルフィー 85, 109
中胚葉 44
チロシン 84, 99

て

停止信号 21
テイタム 105
デオキシリボース 15
デルブリュック 13, 105
電子顕微鏡 31

と

動植物の培養細胞 105
トウモロコシ 105
ドーパミン 39
特異性 62
突然変異 26
トランスポゾン 64, 67
トリプレット 20

な

ナース 106
長崎大学薬学部 73
名古屋大学 73

ナンセンスコドン 21

に

ニーレンバーグ 20
2本鎖RNA 60, 61, 67
ニューロン 32
ニュスリン＝フォルハルト 105
ニワトリ 120
人間の改良 119

ね, の

ネガティブコントロール 21
ノーベル化学賞 71
ノーベル生理学・医学賞 13, 22, 23, 25
ノックアウトマウス 116

は

ハーシー 105
ハーシュ 54
ハートウェル 106
ハーバード大学 85, 96
胚 56
胚における全細胞系譜 42
ハイブリダイゼイション 63
バクテリオファージ 9
パスツール研究所 17
バック 106
発光タンパク質 81
発光反応 77
発色団 77
ハント 106

ひ

ビードル 105
ヒカリツリガネゴケ 107

索 引

非寄生性 1
ヒ素 111
非特異的な遺伝子発現の抑制 64
病気の原因解明 52
表現型 28
平田義正 73
ヒンシェルウッド 9

ふ

ファージグループ 13
ファイア 53, 58, 108
フライデーハーバー 79
プラスミド 58
プラッシャー 87, 102
プリンストン大学 78
フルブライト留学生 78
ブレナー 7, 31, 108
プログラム細胞死 48
プログラムされた死 45
プロモーター 58, 91
分子生物学 13
分裂酵母 120

へ

β-ガラクトシダーゼ 17, 87, 94
β-チューブリン 91
平均寿命 119
ベクター 58, 89, 92
ヘジコック 49
変異体 26
ベンザー 12

ほ

ホービッツ 46, 108
ホモ変異体 27

ホヤ 107
ポリ U 21
ホリー 21
ホワイト 31

ま

マーカー 91
マイクロ RNA 106
マウス 104
マサチューセッツ工科大学 47, 53
マックリントック 105
マツノザイセンチュウ 3

み

未知の生物の研究 107
ミトコンドリア 51
ミヤコグサ 107
宮脇敦史 102
ミラー 114

め

メゼルソン 18
メッセンジャー RNA 14
　——の発見 19
　——の分解 69
メロ 54, 108

も

モーガン 24, 105
モデル樹木 107
モデル生物 103
モノー 17

や, ゆ

薬剤耐性遺伝子 118
融合遺伝子 91

融合タンパク質 91, 98
ユーリー 114

ら

ライブラリー 67
ラクトースオペロンとリプレッサー 120
ラブカン 106
ラムダファージ 89
卵 56
卵母細胞 56

り

リボース 15
リボソーム 16
リボソーム RNA 16
燐光 82

る

ルイス 105
ルシフェラーゼ 74, 77, 94
ルシフェリン 73, 77
　——の結晶化 75
ルリア 13, 105

れ

励起光 93
レーダーバーグ 105
劣性変異 26

ろ, わ

老化 119
ワトソン 9, 110

著者略歴
大島　靖美
おおしま　やすみ

1964年	東京大学理学部生物化学科卒業
1969年	同　大学院理学系研究科博士課程修了　理学博士
1969年	九州大学薬学部助手
1975年	日本薬学会宮田賞及び日本生化学会奨励賞受賞
1975年	米国カーネギー発生学研究所博士研究員
1979年	筑波大学生物科学系助教授
1987年	九州大学理学部教授
2000年	九州大学大学院理学研究院教授（組織替えによる）
2004年	九州大学定年退職　九州大学名誉教授
2005年	崇城大学生物生命学部教授
2011年	同　定年退職

主な著書
「遺伝子操作実験法」（共著，講談社，1980年），「ネオ生物学シリーズ⑤　線虫」（共著，共立出版，1997年），「線虫ラボマニュアル」（共著，シュプリンガー・フェアラーク東京，2003年），「線虫　究極のモデル生物」（共著，シュプリンガー・フェアラーク東京，2003年），「生物の大きさはどのようにして決まるのか」（単著，化学同人，2013年）

線虫の研究とノーベル賞への道
－1ミリの虫の研究がなぜ3度ノーベル賞を受賞したか－

2015 年 4 月 15 日　第 1 版 1 刷発行

検印省略

定価はカバーに表示してあります．

著作者　大　島　靖　美
発行者　吉　野　和　浩
発行所　東京都千代田区四番町 8－1
　　　　電話　03-3262-9166（代）
　　　　郵便番号　102-0081
　　　　株式会社　裳　華　房
印刷所　株式会社　真　興　社
製本所　株式会社　松　岳　社

社団法人
自然科学書協会会員

〈（社）出版者著作権管理機構　委託出版物〉
本書の無断複写は著作権法上での例外を除き禁じられています．複写される場合は，そのつど事前に，（社）出版者著作権管理機構（電話03-3513-6969，FAX03-3513-6979，e-mail:info@jcopy.or.jp）の許諾を得てください．

ISBN 978-4-7853-5863-1

ⓒ 大島靖美，2015　Printed in Japan

コア講義 分子生物学

田村隆明 著
Ａ５判／144頁／本体1500円＋税

多岐にわたるトピックスをバランスよく14章にまとめた．【目次】生物の特徴と細胞の性質／分子と生命活動／遺伝や変異にはDNAが関与する／DNAの複製，変異と修復，組換え／転写／翻訳／染色体は多様な遺伝情報を含む／細胞の分裂，増殖，死／発生と分化／細胞間および細胞内情報伝達／癌：突然変異で生じる異常増殖細胞／健康維持と病気発症のメカニズム／細菌とウイルス／バイオ技術：分子や個体の改変と利用

ライフサイエンスのための 分子生物学入門

駒野 徹・酒井 裕 共著
Ａ５判／268頁／本体2800円＋税

遺伝子からタンパク合成までの流れを中心に，免疫や分子進化についても紹介した入門書．【目次】分子生物学の歴史的背景／生命体を構成する高分子物質／タンパク質の重要性／遺伝子の本体は核酸／遺伝子の構造／遺伝子の増幅－DNAの複製／変異と修復／ＤＮＡの遺伝的組換え／遺伝情報の転写－mRNAの合成／遺伝情報の翻訳－タンパク質の合成／遺伝子工学／高等生物の分子生物学／分子進化，遺伝子進化

コア講義 分子遺伝学

田村隆明 著
Ａ５判／176頁／本体2400円＋税

遺伝子の構造-挙動-発現といった分子遺伝学領域に焦点を絞って作成された入門書．【目次】生物の特徴と細胞／分子と代謝／遺伝と遺伝子／核酸の構造／DNAの合成・分解にかかわる酵素とその利用／複製のしくみ／DNAの組換え，損傷，修復／RNAの合成と加工／転写の制御／RNAの多様性とその働き／タンパク質の合成／真核細胞のゲノムとクロマチン／細菌の遺伝要素／分子遺伝学に基づく生命工学

しくみからわかる 生命工学

田村隆明 著
Ｂ５判／224頁／本体3100円＋税

医学・薬学や農学，化学，そして工学に及ぶ幅広い領域をカバーした生命工学の入門書．厳選した101個のキーワードを効率よく，無理なく理解できるように各項目を見開き2頁に収め，豊富な図で生命工学の基礎から最新技術までを詳しく解説する．
【目次】序章-1 生命工学の全体像　序章-2 歴史が教える生命工学の意義　1．生命工学の基礎 [1]：細胞，代謝，発生，分化，増殖　2．生命工学の基礎 [2]：遺伝子と遺伝情報　3．核酸の性質と基本操作　4．組換えDNAをつくり，細胞に入れる　5．RNAとRNA工学　6．タンパク質，糖鎖，脂質に関する生命工学　7．組成を変えた細胞や新しい動物をつくる　8．医療における生命工学の利用　9．一次産業で使われるバイオ技術　10．生命反応や生物素材を利用・模倣する　11．環境問題やエネルギー問題に取り組む　終章　私達が生命工学を利用するときに，生物や人間との関係において注意すべきこと

新・生命科学シリーズ 各Ａ５判／２色刷

遺伝子操作の基本原理

赤坂甲治・大山義彦 共著
244頁／本体2600円＋税

【目次】第Ⅰ部 cDNAクローニングの原理（mRNAの分離と精製／cDNAの合成／cDNAライブラリーの作製／バクテリオファージのクローン化）　第Ⅱ部 基本的な実験操作の原理（プラスミドベクターへのサブクローニング／電気泳動／PCR／ハイブリダイゼーション／制限酵素と宿主大腸菌）　第Ⅲ部 応用的な実験操作の原理（PCRの応用／cDNAを用いたタンパク質合成／ゲノムの解析／遺伝子発現の解析）

動物行動の分子生物学

久保健雄・奥山輝大
上川内あづさ・竹内秀明 共著
192頁／本体2400円＋税

【目次】1．多彩な動物行動と，遺伝子レベルの研究　2．線虫の行動分子遺伝学　3．ショウジョウバエの行動分子遺伝学　4．小型魚類の行動分子遺伝学　5．マウスの行動分子遺伝学　6．社会性昆虫ミツバチの行動分子生物学

裳華房ホームページ　http://www.shokabo.co.jp/　2015年4月現在